Ben Stacy Jerrik (Ed.)

Ksawerów Stary

Ben Stacy Jerrik (Ed.)

Ksawerów Stary

Village, Gmina Szamocin, Gmina, Chodzież County, Greater Poland Voivodeship

Part Press

Publisher:
Part Press is a trademark of
International Book Market Service Ltd., 17 Rue Meldrum, Beau Bassin, 1713-01 Mauritius
Email: info@bookmarketservice.com
Website: www.bookmarketservice.com

Published in 2013

Printed in: U.S.A., U.K., Germany. This book was not produced in Mauritius.

ISBN: 978-613-9-17104-0

Contents

Articles

References

Bistum_Gumaca

Bistum Gumaca	
Basisdaten	
Staat	Philippinen
Metropolitanbistum	Erzbistum Lipa
Diözesanbischof	Buenaventura Malayo Famadico
Generalvikar	Ramon Tiama
Fläche	3666 km²
Pfarreien	25 *(31.12.2007 / AP2009)*
Einwohner	918000 *(31.12.2007 / AP2009)*
Katholiken	781000 *(31.12.2007 / AP2009)*
Anteil	85.1 %
Diözesanpriester	58 *(31.12.2007 / AP2009)*
Katholiken je Priester	13466
Ordensschwestern	71 *(31.12.2007 / AP2009)*
Ritus	Römischer Ritus
Liturgiesprache	Filipino Englisch
Kathedrale	Cathedral of San Diego de Alcala
Website	www.cbcponline.net [1]

Das **Bistum Gumaca** (lat.: *Dioecesis Gumacanus*) ist eine auf den Philippinen gelegene römisch-katholische Diözese mit Sitz in Gumaca.

Geschichte

Kathedrale San Diego de Alcala in Gumaca

Das Bistum Gumaca wurde am 9. April 1984 durch Papst Johannes Paul II. mit der Apostolischen Konstitution *Iure meritoque* aus Gebietsabtretungen des Bistums Lucena errichtet und dem Erzbistum Lipa als Suffraganbistum unterstellt.[2]

Es umfasst den südöstlichen Teil der Provinz Quezon.

Bischöfe von Gumaca

- Emilio Marquez, 1984–2002, dann Koadjutorbischof von Lucena
- Buenaventura Malayo Famadico, seit 2003

Siehe auch

- Liste der katholischen Bistümer
- Römisch-katholische Kirche auf den Philippinen

Weblinks

- Homepage des Bistums Gumaca [1] (englisch)
- Eintrag [3] zu *Bistum Gumaca* auf *catholic-hierarchy.org* (englisch)

Einzelnachweise

[1] http://www.cbcponline.net/gumaca/

[2] Ioannes Paulus II: Const. Apost. *Iure meritoque*, AAS 76 (1984), n. 7, S. 634f.

[3] http://www.catholic-hierarchy.org/diocese/dguma.html

Römisch-katholische_Kirche

Oberhaupt	

Papst Benedikt XVI.	
Basisdaten	
Oberhaupt:	Papst Benedikt XVI. (Joseph Ratzinger)
Mitglieder:	1.181.000.000 (Stand: 2009)[1]
Priester:	408.000 (Stand: 2009)
Ordensleute:	815.237 (Stand: 2008)
Anschrift:	Via della Conciliazione 54 SCV-00120 Vatikanstadt
Website:	www.vatican.va [2]

Die **römisch-katholische Kirche**, Selbstbezeichnung **katholische Kirche** (griech. καθολικός *katholikos*, allgemein, über alles beziehungsweise alle herabkommend, allgemeingültig'), ist die größte Kirche innerhalb des Christentums.[3] Sie umfasst 23 Teilkirchen eigenen Rechts mit eigenem Ritus, darunter die nach Mitgliederzahl größte lateinische Kirche und die unierten Ostkirchen. Mit den anglikanischen, den altkatholischen und den orthodoxen Kirchen teilt die katholische Kirche alle sieben Sakramente einschließlich des Weiheamtes, aufgegliedert in Bischof, Priester und Diakon (Klerus). Unterscheidendes Merkmal ist die Anerkennung des Primats des römischen Bischofs über die Gesamtkirche. Der römisch-katholischen Kirche gehören weltweit etwa 1,181 Milliarden Mitglieder an.[1]

Zur Bezeichnung

Der Begriff „römisch-katholische Kirche" entstand im Gefolge der Reformation zur einfacheren Unterscheidung der gespaltenen christlichen Bekenntnisse. Gemeint ist die katholische Kirche, die den Primat des Papstes anerkennt. Da der römisch-katholische Kirchenbegriff eine konfessionelle Verfassung der Kirche wegen ihrer Singularität nicht kennt, lehnt sie diese Bezeichnung ab. Gleichwohl weisen Dokumente im ökumenischen Dialog wohl aus Vereinfachungsgründen bisweilen die Bezeichnung „römisch-katholisch" auf. Schließlich weist die Kirche durch die herausragende Stellung des Papstes in Rom ein „römisches" Element auf.

In der Regel bezeichnet sich die römisch-katholische Kirche selbst nur mit „katholische Kirche" oder theologisch ausführlich als „die eine, heilige, katholische und apostolische Kirche". Die Bezeichnung „lateinische Kirche" bezieht sich auf die katholische Kirche des Abendlandes („Westkirche") im Gegensatz zu den unierten Ostkirchen. Daneben wird die Bezeichnung „römisch-katholische Kirche" sowohl in der Literatur als auch in Publikationen kirchlicher Stellen häufig als synonymer Ausdruck für „lateinische Kirche" in der Gegenüberstellung zu den unierten katholischen Ostkirchen – entsprechend „griechisch-katholische Kirchen", „syrisch-katholische Kirche" und so weiter – verwandt; in diesem Sprachgebrauch bezieht sich „römisch" auf den Ritus und gemeint ist nur die lateinische (westliche) Teilkirche.

Der Petersdom ist eine der wichtigsten Pilgerstätten der römisch-katholischen Kirche.

Im allgemeinen und amtlichen Sprachgebrauch, vor allem in westlichen Ländern, werden die Bezeichnungen „katholische Kirche" und „römisch-katholische Kirche" in der Regel synonym verwendet. In Deutschland ist die Bezeichnung „katholisch" namensrechtlich geschützt und darf ohne unterscheidenden Zusatz als Bezeichnung nur für Einrichtungen und Veranstaltungen der römisch-katholischen Kirche benutzt werden.

Die katholische Kirche versteht sich theologisch als *die* katholische Kirche: Nach ihrer Auffassung kann es nur *eine* katholische, das heißt universelle Kirche Jesu Christi geben, und in ihr selbst ist diese *eine* Kirche auf so einzigartige Weise verwirklicht, dass es keine andere katholische Kirche geben kann.

Dies widerspricht dem Selbstverständnis einer ganzen Reihe von anderen Kirchen, die sich selbst als „katholisch" verstehen, sei es, dass sie sich mit einem der katholischen Kirche ähnlichen Ausschließlichkeitsanspruch als *die* eine, wahre katholische Kirche sehen, sei es, dass sie sich als Teil einer weiter verstandenen katholischen Kirche sehen, die auch weitere konfessionell verfasste Kirchen umfasst. Solche Kirchen verwenden für die katholische Kirche in der Regel auch die Bezeichnung „römisch-katholische Kirche".

Im altkirchlichen Sprachgebrauch war die Selbstbezeichnung *katholikos* immer exklusiv gemeint und schloss konstitutiv die volle Sakramentsgemeinschaft ein.

Gründung

Die römisch-katholische Kirche beruft sich traditionell auf die Gründung durch Jesus Christus selbst, insbesondere auf das so genannte „Felsenwort" an den Apostel Petrus (Mt 16,18-19 [4]). Ob historisch tatsächlich von einem eigentlichen Kirchengründungsakt Jesu Christi ausgegangen werden kann, ist auch unter römisch-katholischen Theologen umstritten. Meist wird in heutiger Ekklesiologie ein Zusammenwirken von vorösterlichen Wurzeln (Jesu endzeitliche Sammlung des Gottesvolkes), einem österlichen Impuls (Kirche als Gemeinschaft derer, die dem auferstandenen Jesus Christus nachfolgen) und pfingstlicher Geistgabe (Kirche als Gemeinschaft, in der der Heilige Geist gegenwärtig ist) als Ursprung der Kirche angesehen.

Um die Jahre 30 bis 33 wird daher von der Entstehung der ersten Gemeinden, also der Urkirche, ausgegangen. Die römisch-katholische Kirche betrachtet sich mit dieser Urkirche in ununterbrochener Kontinuität stehend und nimmt auch die direkte Gründung durch Jesus Christus in Anspruch. Sie sieht diesen Zusammenhang institutionell, insofern die christliche Gemeinde von Rom traditionell als Gründung des Apostels Petrus angesehen wird, und der Papst als Bischof von Rom direkter Nachfolger Petri ist.

Das Selbstverständnis als mit der Urkirche in ununterbrochener Tradition stehend ist keine römisch-katholische Besonderheit, auch andere christliche Konfessionen berufen sich auf diese Tradition. Inwiefern dieses Selbstverständnis berechtigt ist oder nicht, war lange Zeit Gegenstand polemischer Kontroversen unter den Konfessionen und ist heute ein wesentlicher Punkt des ökumenischen Dialogs.

Geschichtliche Herleitung der Struktur

In der Urkirche gab es ursprünglich mehrere Modelle der Gemeindeleitung: Die Leitung durch einen Kreis der Ältesten (Presbyterverfassung, Jerusalem), die Betreuung durch Wanderprediger (Syrien) und die funktionale Gemeindeleitung (paulinische Gemeinden). Die Gemeindeleitung oblag ab ca. 80 n. Chr. den Bischöfen (v. griech. ἐπίσκοπος „Hüter, Aufseher"), wobei es sich anfangs um ein Kollektivorgan handelte, der Monepiskopat setzte sich erst ab dem zweiten Jahrhundert durch.[5] Das heute bekannte dreigliedrige System mit dem Bischof an der Spitze, den Priestern und den Diakonen als seinen Unterstützern bildete sich vom Ende des ersten bis zum zweiten Jahrhundert aus.[6]

Der Bereich eines Bischofs heißt im Westen Bistum oder Diözese (v. griech. διοίκησις „Verwaltung"), dabei übernahm die Kirche die im Römischen Reich damals üblichen Bezeichnungen für territoriale Gliederungen.

In den ersten drei Jahrhunderten bildeten sich die Kirchenprovinzen heraus. Eine Kirchenprovinz umfasst mehrere Diözesen, ihr Vorsteher heißt Metropolit. Der Sitz eines Metropoliten ist die Metropole (v. griech. Μητρόπολις „Mutterstadt"). Heute haben die Metropoliten der römisch-katholischen Kirche in der Regel den Rang eines Erzbischofs inne und stehen als Metropolitanerzbischof einem Erzbistum vor. Sie führen den Vorsitz in regionalen Bischofskonferenzen (z. B. die Freisinger Bischofskonferenz) und haben weitergehende Befugnisse auch über die dem Erzbistum untergeordneten Suffraganbistümer.

Bis 451 n. Chr. wurden die fünf „wichtigsten" Metropoliten von Rom, Konstantinopel, Alexandria, Antiochia und Jerusalem zu Patriarchen. Der Streit zwischen Rom und Konstantinopel führte dazu, dass sich die westliche Kirche schließlich im großen Morgenländischen Schisma von der östlichen (orthodoxen) trennte.

Das Patriarchat von Rom (oder: des Abendlandes, des Okzidents, der Westkirche) war das einzige westliche der fünf ursprünglichen altkirchlichen Patriarchate. Die übrigen bilden die altkirchlichen orthodoxen Patriarchate. Innerhalb der lateinischen Kirche gibt es zurzeit vier Patriarchen. Drei von ihnen stehen Diözesen mit Patriarchalsitz vor, einer steht als Erzbischof einem Erzbistum vor (vgl. ausführlich römisch-katholische Patriarchate).

Von den Patriarchen des Lateinischen Ritus (außer Jerusalem) sind die Patriarchen der mit Rom unierten Kirchen der östlichen Riten zu unterscheiden, die als Oberhaupt ihrer Kirchen eigenen Rechts (sui iuris) über die Ehrenrechte hinausgehende Vollmachten besitzen (Eigene Jurisdiktion). Eine gleiche Stellung wie die Patriarchen – bis auf den Ehrenvorrang – haben die Großerzbischöfe als Oberhäupter einiger unierter Kirchen.

Einige östliche Bistümer haben sich im Laufe der Geschichte mit Rom versöhnt (uniert), meist unter dem Einfluss weltlicher Herrscher wie etwa in Siebenbürgen und der Ukraine. Bis auf die syrisch-maronitische und die italo-albanische Kirche lassen sich alle unierten Kirchen einer orthodoxen oder orientalischen Herkunftskirche zuordnen, von der sie sich mit der Unterordnung unter den Papst abgespalten haben. Bedingt durch diese historischen Entwicklungen gibt es heute an manchen Orten mehrere Bischöfe, etwa einen orthodoxen Bischof, einen Bischof der mit Rom unierten Kirche und einen lateinischen Bischof. Die unierten Kirchen haben den Ritus ihrer Herkunftskirchen in der Regel behalten und werden entsprechend bezeichnet. So heißen beispielsweise Kirchen, deren byzantinischer Ritus auf die griechische Kultur des antiken Oströmischen Reiches zurückgeht, „griechisch-katholisch".

Gliederung in Teilkirchen eigenen Rechts

Die katholische Kirche besteht aus 23 Teilkirchen eigenen Rechts (eigener Ritus), deren weitaus größte die Lateinische ist. Die übrigen 22 Teilkirchen erstrecken sich auf die anderen Ritenfamilien; es sind andere Kirchen oder deren Teile, die sich im Laufe der letzten 1000 Jahre mit Rom versöhnt haben, ihren historisch gewachsenen Ritus aber beibehalten haben. Die Maroniten besitzen einen eigenständigen Ritus und sind als Ganze mit Rom uniert.

Äußeres Merkmal der Zugehörigkeit zur katholischen Kirche ist neben der gemeinsamen Glaubenslehre die Anerkennung des päpstlichen Primats, das heißt der spirituellen und juristischen Leitungsfunktion des Papstes. Dieser übt jedoch nur über die Lateinische Kirche patriarchale Gewalt aus; die übrigen Teilkirchen haben meist eigene Patriarchen oder Großerzbischöfe mit abweichender Jurisdiktion.

Volk Gottes

Das Zweite Vatikanische Konzil bezeichnete die Gemeinschaft der Glaubenden in der Kirche als das *Volk Gottes*.[7] In diese Gemeinschaft wird man durch die Taufe aufgenommen, die nach Lehre der Kirche dem Täufling ein unauslöschliches Siegel einprägt.[8] Jeder Katholik hat durch Taufe und Firmung Anteil an der Sendung der Kirche in die Welt (Laienapostolat).[9] Ungeachtet des besonderen Dienstes einiger Mitglieder der Kirche als Lehrer oder Hirten erkennt das Konzil eine „wahre Gleichheit in der allen Gläubigen gemeinsamen Würde und Tätigkeit zum Aufbau des Leibes Christi. Der Unterschied, den der Herr zwischen den geweihten Amtsträgern und dem übrigen Gottesvolk gesetzt hat, schließt eine Verbundenheit ein, da ja die Hirten und die anderen Gläubigen in enger Beziehung miteinander verbunden sind."[10]

Hierarchie

Als unverzichtbares Strukturelement wird das Petrusamt mit seinem Primatsanspruch angesehen, das gemäß katholischer Lehre von Petrus (Mt 16,18-19 [4]) auf alle seine Nachfolger im römischen Bischofsamt übergeht. Die katholische Kirche ist hierarchisch strukturiert; unter „Hierarchie" versteht man dabei die feste Struktur, gemäß der die Kirche durch geweihte Amtsträger geführt wird. In der katholischen Kirche ist das Weihesakrament den Männern vorbehalten (vgl. auch Frauenordination). Der Ortsbischof, der als örtlich verantwortlicher Teil der Hierarchie in den Ostkirchen denn auch „Hierarch" heißt, hat dabei für seinen Bereich die Leitungs-, Lehr- und Heiligungsgewalt. An allen drei Gewalten sind Kleriker sowie in eingeschränktem Maße besonders beauftragte Laien beteiligt.

Peter Paul Rubens: *Petrus als Papst* mit den „Schlüsseln des Himmelreiches"

Die höchste Autorität in der Weltkirche hat sowohl der Papst als auch das Bischofskollegium in Einheit mit dem Papst.

Der Papst ist Haupt des Bischofskollegiums und übt höchste, volle, unmittelbare und universale Jurisdiktion über die ganze Kirche aus. In seiner Rechtsausübung ist er nicht beschränkt (can. 331 CIC). Diese Gewalt wird auch als Primatialgewalt bezeichnet. Der Papst wird in seinen Aufgaben von der Bischofssynode und dem Kardinalskollegium beraten. Daneben existiert die Kurie als maßgebliches Organ für die Regierung der Kirche.

Das Kollegium aller Bischöfe ist Rechtssubjekt.[11] Nach neuerem Kirchenrecht ist es immer, also nicht nur während eines ökumenischen Konzils, Träger von Leitungsgewalt. Das Zweite Vatikanische Konzil und der CIC von 1983 schreiben dem Bischofskollegium höchste und volle Gewalt im Hinblick auf die ganze Kirche zu, die es gemeinsam mit dem Papst als dem Haupt des Bischofskollegiums ausübt. Eine Ausübung der Gewalt gegen den Papst ist dagegen nicht möglich.

Das *Ökumenische Konzil* ist eine Versammlung, auf der das Bischofskollegium seine Gewalt über die ganze Kirche in feierlicher Weise ausübt (can. 337 CIC). Ökumenische Konzilien müssen vom Papst einberufen werden, der das Präsidialrecht ausübt. Zudem brauchen die Beschlüsse die Zustimmung des Papstes, um gültig zu sein. Teilnahmeberechtigt sind in ordentlicher Weise alle, die die Bischofsweihe empfangen haben. Daneben sind in außerordentlicher Weise teilnahmeberechtigt jene, die von der höchsten Autorität zum Konzil berufen werden.[12] Die Berechtigung verpflichtet gleichzeitig zur Teilnahme.

Die höchste und volle Gewalt des Bischofskollegiums kommt nach can. 337 § 2 CIC auch durch kollegiale Beschlussfassung der an ihrem Ort verbliebenen Bischöfe zum Ausdruck („*Fernkonzil*"). Hier sind die Beschlüsse nur wirksam, wenn sie anschließend vom Papst promulgiert wurden. Im Gegensatz zum Ökumenischen Konzil ist jedoch keine Initiative des Papstes notwendig.

Unterhalb der höchsten Autorität der Weltkirche sind Teilkirchenverbände die im Verfassungsrecht der Kirche vorgesehenen Zusammenschlüsse von Teilkirchen (v. a. Diözesen). Sie dienen als Ausdruck der *Communio Ecclesiarum* dem Verhältnis von Gesamtkirche und Teilkirche.[13] Das Kirchenrecht behandelt unter den Kanones 432 bis 434 nur die Kirchenprovinz und die Kirchenregion, da nur diese Einrichtungen Rechtspersönlichkeit besitzen. Darüber steht jedoch die Bischofskonferenz, deren Gebiet jedoch nicht über Rechtspersönlichkeit verfügt.

Die *Bischofskonferenz* ist eine ständige Einrichtung der Bischöfe einer Nation, in der diese besondere Aufgaben gemeinsam beraten und beschließen. Für diese Ebene der Kirchenverfassung ist zudem die Einberufung eines Plenarkonzils möglich. Die Orientalischen Teilkirchen verfügen nicht über eine solche Einrichtung[14] .

Die *Kirchenregion* ist eine mögliche Zwischengliederung zwischen dem Gebiet einer Bischofskonferenz und einer Kirchenprovinz (can. 433 § 1 CIC). Auch diese Form ist im Recht der orientalischen Teilkirchen nicht vorgesehen.

Die *Kirchenprovinz* ist ein mehrere Teilkirchen umfassender Verband, dem ein Metropolit vorsteht. Auf der Ebene einer Kirchenprovinz kann ein Provinzialkonzil einberufen werden. Bis auf wenige Ausnahmen sind alle Teilkirchen in Kirchenprovinzen zusammengefasst. Rechtlich fassbare Befugnisse über die Teilkirchen besitzt der Metropolit jedoch nur in sehr eingeschränkter Weise.

Teilkirchen sind vor allem die Diözesen, aber auch deren Ersatzformen wie die Gebietsprälatur, die Territorialabtei, das Apostolische Vikariat, die Apostolische Präfektur und die Apostolische Administratur. Daneben kann es personal umschriebene Teilkirchen – sogenannte Personalprälaturen – geben, gegenwärtig das Opus Dei, die Militärordinariate und die Ap. Personaladministration in Campos.

Jeder Diözese steht ein Bischof vor, der als solcher Nachfolger der Apostel ist. Ihm kommt über seine Teilkirche die ganze Gewalt zu, mit Ausnahme dessen, was von der höchsten kirchlichen Autorität einer übergeordneten Instanz zugewiesen wurde[15] . Die Amtsgewalt der Bischöfe leitet sich nach can. 381 § 1 nicht vom Papst ab, die Bischöfe sind also keineswegs bloß „örtliche Vertreter des Papstes", sondern eigenberechtigte Leiter ihrer Teilkirche. Die bischöflichen Leiter einer Diözese werden präzisierend als Diözesanbischöfe bezeichnet, im Unterschied zu all jenen, die nur die Bischofsweihe empfangen haben, nicht aber eine Diözese leiten. Diese werden als Titularbischöfe bezeichnet und erhalten eine untergegangene Diözese als Titularbistum. Den Diözesanbischöfen rechtlich gleichgestellt ist jeder andere ordentliche Vorsteher einer Teilkirche, also alle Territorialäbte und -prälaten, Apostolische Vikare, Apostolische Präfekten und Apostolische Administratoren. Im Unterschied zu Bischöfen leiten letztere aber ihre Gewalt aus der päpstlichen Ermächtigung ab und könnten somit tatsächlich als dessen örtliche Vertreter bezeichnet werden.

Jede Teilkirche muss in Pfarreien untergliedert sein (can. 374 § 1 CIC). Ihr ist ein Priester als Pfarrer zuzuordnen. Neben territorial abgegrenzten Pfarreien gibt es in begrenzter Form auch Personalpfarreien, so etwa die Gemeinden für Katholiken anderer Muttersprache. Hinzu kommt die Kategorialseelsorge, also die Tätigkeit in Krankenhäusern, Schulen, Militärseelsorge, Jugendarbeit, Gefängnissen, Kurseelsorge. Auch die katholischen Hochschulgemeinden sind hier zu nennen.

Ein Verband von Pfarreien kann zu einem *Dekanat* zusammengefasst sein, dessen Vorsteher Dechant (auch: Dekan, Erzpriester) heißt. Der Dechant ist meistens ein Pfarrer des Dekanats, kirchenrechtlich muss er nur Priester sein. Er wird in der Regel durch den Ortsbischof und auf Zeit ernannt.

Für alle drei Weihestufen des Klerus – Bischof, Priester und Diakon – ist in der lateinischen Kirche der Zölibat regelmäßig vorgeschrieben. Eine Ausnahme bildet der Ständige Diakonat, der nach dem Zweiten Vatikanischen Konzil wiedereingeführt wurde. Eine Heirat ist jedoch nur vor der Weihe zum Ständigen Diakon möglich. In den unierten Kirchen gelten zum Teil andere Regelungen. Für das Bischofsamt wird der Zölibat verlangt, so dass Bischöfe zumeist dem Mönchsstand entstammen.

Kirchliche Vereinigungen

Das Kirchenrecht anerkennt verschiedene Formen des geweihten Lebens, neben den Instituten des geweihten Lebens auch Eremiten oder Anachoreten (CIC, Can. 603) und geweihte Jungfrauen (Can. 604). Abgesehen von Priestermönchen gehören die Mitglieder der verschiedenen Formen des geweihten Lebens nicht der Hierarchie an und werden nicht von der Kirche finanziell unterhalten.

Darüber hinaus gibt es auch zahlreiche Laiengemeinschaften, die vom Päpstlichen Rat für die Laien betreut werden. Hierzu zählen vor allem die zahlreichen geistlichen Gemeinschaften. Ebenso finden sich zahlreiche Jugendverbände; in Deutschland sind die meisten davon im Bund der Deutschen Katholischen Jugend (BDKJ) organisiert.

Zahlen zur römisch-katholischen Kirche

Land	Stand	Mitglieder	Anteil	Gottesdienstbesucher (Sonntagsmesse)	Anteil
Deutschland [16]	2010	24651001	30,2 %	3103000	12,6 %
Österreich [17]	2008	5579493	66,8 %	714203	12,8 %
Polen [18]	2008	35000000	95,0 %	15705000	44,8 %
Schweiz [19]	2000	3047887	41,8 %		
Niederlande [20]	2008	4269000	25,9 %	196000	7,1 %
Liechtenstein		26122	78,4 %		

Glaubensinhalte

Das Zweite Vatikanische Konzil hat betont, dass die kirchlichen Glaubensinhalte von unterschiedlichem Gewicht sind: „Beim Vergleich der Lehren miteinander soll man nicht vergessen, dass es eine Rangordnung oder Hierarchie der Wahrheiten innerhalb der katholischen Lehre gibt, je nach der verschiedenen Art ihres Zusammenhangs mit dem Fundament des christlichen Glaubens."[21]

- Dreifaltigkeit: Gott ist in drei Personen einer: Jesus Christus ist als Sohn Gottes eines Wesens mit Gott, dem Vater und Schöpfer der Welt, und wird mit ihm zusammen und dem Heiligen Geist als ein Gott angebetet und verherrlicht (siehe Menschwerdung Gottes). Durch den Tod am Kreuz und seine Auferstehung hat die zweite göttliche Person, der Sohn Gottes, die Sünden der Welt auf sich genommen und den Weg der Erlösung aus Sünde und Tod für alle Menschen geöffnet.
- Gottes Wirken in der Welt: Gott ist nicht nur der Schöpfer, sondern greift aus Liebe zu jedem einzelnen Menschen aktiv in die Welt ein (Erlösungshandeln); sein Wirken ist gemäß der Theodizee-Frage jedoch nach menschlichen Maßstäben nicht komplett begreifbar.
- Die katholische Kirche sieht sich in der Nachfolge der Apostel, deren Glaubensbekenntnis sie in der Kraft des Heiligen Geistes durch die Zeiten bewahrt, vertieft und angesichts neuer Fragestellungen klärt. Diese Tradition der Kirche, deren wichtigster und deshalb eigenständig genannter („die Heilige Überlieferung und die Heilige Schrift"), aber nicht einziger Teil die Bibel ist, bildet ihre Lehrgrundlage. Die apostolische Sukzession ist der Garant für die Apostolizität der Kirche sowie für die Bewahrung der Tradition. Sie besagt, dass die Bischöfe

durch eine ununterbrochene Kette von Handauflegungen in der Nachfolge der Apostel stehen.

- Sakramente:

Gott schenkt nach katholischer Lehre den Menschen das Heil durch die Sakramente. Die katholische Kirche kennt sieben Sakramente: Taufe, Firmung, Eucharistie, Beichte, Krankensalbung, Weihesakrament und Ehe. Mit Ausnahme der Taufe, die in Todesgefahr von jedem Menschen, der beabsichtigt, das zu tun, was die Kirche tut, gespendet werden kann, können die Sakramente nur in der und durch die Kirche vermittelt werden.

Die Jungfrau Maria mit Engeln, Gemälde von William Adolphe Bouguereau

- Endgericht und Leben nach dem Tod (Eschatologie): Die katholische Kirche erwartet das Wiederkommen Christi in Herrlichkeit und das Gericht über alle Menschen. Maßstab des Gerichts wird der Glaube und die nach dem Maß der Gaben verwirklichten guten Werke sein. Die Erlösten empfangen ewiges Leben in Gottesnähe („Schau“ Gottes von Angesicht zu Angesicht, himmlisches Hochzeitsmahl). Jedem Menschen droht bei der Abkehr von Gott die ewige Verdammnis in der Hölle.
- Marien- und Heiligenverehrung: Menschen, die ihr Leben auf Christus hin geführt haben, können anderen Glaubenden als Vorbilder dienen. Unter den Heiligen dient besonders die Gottesmutter Maria als Vorbild, sie wird unter anderem als „Urbild der Kirche“ verehrt. Die Heiligen gelten als Fürsprecher bei Gott, da man davon ausgeht, dass sie sich bereits in der Gemeinschaft mit Gott befinden. Die universale Heilsmittlerschaft Christi, auf den alle Heiligen verweisen, wird dadurch nicht in Frage gestellt, sondern unterstrichen. Die Prozesse der Selig- und Heiligsprechung der katholischen Kirche sind sehr umfangreich und können mehrere Jahrzehnte dauern. Dies gilt auch für die Anerkennung von Christus-, Marien- und Heiligenerscheinungen, auf die sich die Wallfahrtsorte gründen.
- In der katholischen Kirche sind Bitten für die Verstorbenen üblich. Verstorbenen, die sich noch im Läuterungszustand des Fegefeuers (Purgatorium) befinden, soll hiermit geholfen werden. Auch Ablassgewinnung, nicht nur für die Verstorbenen, gehört deshalb zur religiösen Praxis.

Morallehre

Die Morallehre der katholischen Kirche ist seit den Anfängen dadurch geprägt, an den Idealen der Bergpredigt festzuhalten und zugleich den Bedingungen der irdischen Realität Rechnung zu tragen. In früheren Jahrhunderten war regelmäßig der Vorwurf zu großer Laxheit Grund für Kritik und manchmal Begründung für Abspaltungen der Montanisten, Novatianisten, Donatisten, Katharer und Waldenser. Heute entzündet sich die Kirchenkritik meist an zu hohen und schwierigen Idealen, gepaart mit dem Vorwurf der Heuchelei und Doppelmoral, so zum Beispiel in Bezug auf Sexualität, aber auch auf eklektische und inkonsistente Auslegung der Bibel in Bezug auf Moral sowie inkohärente Anwendung dessen, was als Morallehre der katholischen Kirche bezeichnet wird. Im Rahmen des Bekanntwerdens von Missbrauchsfällen in römisch-katholischen Einrichtungen nahm diese Kritik zu.

Der Bergpredigt folgend sind die zentralen katholischen Wertsetzungen Liebe, Wahrheit, Gewaltlosigkeit, Besitzverzicht, Gerechtigkeit, Treue, Keuschheit. Die Umsetzung in kirchliches und, wo möglich, staatliches Recht geschieht in immer neuen Anläufen und unter innerkirchlichen und gesellschaftlichen Konflikten.

Lange waren Themen wie Eid, Wehrpflicht oder Kapitalismus umstritten. Hier ist die katholische Morallehre traditionell eher kompromissbereit.

Seit etwa 1968 steht mit der Enzyklika *Humanae Vitae* zeitgleich mit den soziokulturellen Umwälzungen fast ausschließlich die Ehe- und Sexualmoral im Mittelpunkt der Beachtung und Auseinandersetzung. Das kirchliche Lehramt hat sich immer wieder eindeutig im Sinn der Zusammengehörigkeit von Sexualität, lebenslanger Treue und

Fortpflanzung und damit gegen Ehescheidung, künstliche Empfängnisverhütung und die Gleichwertigkeit der Homosexualität ausgesprochen.

Noch größere Bedeutung kommt dem Lebensschutz zu, weshalb Abtreibung, Sterbehilfe, Klonen, Todesstrafe, Eugenik und Angriffskrieg abgelehnt werden.

Einige Dogmen und Doktrinen der Kirche sind aber auch innerkirchlich seit dem Zweiten Vatikanischen Konzil umstritten. Die katholische Moraltheologie vertritt die Ansicht, dass die Werte des Evangeliums dem Naturrecht nicht widersprächen, sondern dessen letzter und höchster Ausdruck seien.

Kirchengebote

Die Kirche lehrt die Weisungen der Kirche (Kirchengebote) um das Verhältnis des Gläubigen zur Gemeinschaft der Kirche zu regeln. Die fünf Kirchengebote umfassen den Besuch der sonntäglichen Messfeier, dem regelmäßigen Empfang der Sakramente der Buße und der Eucharistie, dem Fasten am Freitag und der (materiellen) Unterstützung der Kirchengemeinde.[22]

Ökumene

Zu Beginn des 20. Jahrhunderts stand die römisch-katholische Kirche der entstehenden ökumenischen Bewegung ablehnend gegenüber, so etwa in der Enzyklika Mortalium animos von Papst Pius XI. aus dem Jahr 1928. Kirchliche Einheit wurde im Sinne einer Rückkehr-Ökumene als Konversion der anderskonfessionellen Menschen zur römisch-katholischen Mutterkirche verstanden. Vor dem Zweiten Vatikanischen Konzil gab es sowohl Bestrebungen, diese Haltung weiter zu stärken – so etwa die Enzyklika Mystici corporis von Papst Pius XII. aus dem Jahr 1943 –, als auch Tendenzen zur ökumenischen Öffnung. Mit der Errichtung des Sekretariates zur Förderung der Einheit der Christen und der Berufung von Augustin Kardinal Bea zu dessen Präsidenten erreichte Papst Johannes XXIII., dass das ökumenische Anliegen auf dem Vatikanum II zu einem wichtigen Thema wurde. Das Ökumenismusdekret Unitatis redintegratio des Konzils bildet eine Abkehr von der Rückkehr-Ökumene und schafft die Grundlage für eine Beteiligung der römisch-katholischen Kirche an der ökumenischen Bewegung.

Heute wird die Verständigung und der Austausch mit anderen christlichen Glaubensgemeinschaften gesucht und gepflegt, insbesondere mit den östlich-orthodoxen Kirchen, den anglikanischen und alt-katholischen Kirchen sowie den evangelischen Kirchen und Gemeinschaften. Die römisch-katholische Kirche ist zwar nicht Mitglied im Ökumenischen Rat der Kirchen (ÖRK), seit 1965 gibt es aber eine gemeinsame Arbeitsgruppe. Außerdem arbeitet sie in der Kommission für Glauben und Kirchenverfassung als Vollmitglied mit und steht der Kommission für Weltmission und Evangelisation beratend zur Seite. Auf regionaler, nationaler und lokaler Ebene ist die römisch-katholische Kirche Mitglied in zahlreichen ökumenischen Organisationen.

Die katholische Kirche setzt auf den Dialog mit anderen Religionen, wie weltweite religiöse Treffen zeigen, die auf Initiativen des Vatikans zurückgehen.

Divergenzen im Eucharistieverständnis

Aufgrund ihres Kirchen-, Amts- und insbesondere Eucharistieverständnisses ist die römisch-katholische Kirche gegen Interzelebration und Interkommunion (siehe auch: Lima-Erklärung des ÖRK und Transsubstantiation). Nach katholischer Lehre ist im gewandelten Brot und Wein Jesus Christus mit seinem Leib und Blut wahrhaft gegenwärtig. Diese Auffassung vertreten in unterschiedlicher Ausprägung Orthodoxe, Anglikaner, Altkatholiken, Lutheraner und Methodisten. Die Reformierten lehnen die Realpräsenz ab und sehen im Abendmahl ausschließlich einen symbolischen Erinnerungsakt. Während sich einige dieser Kirchen trotz dieser unterschiedlichen Auffassungen gegenseitig zum Abendmahl einladen beziehungsweise die Eucharistie an alle Getauften, die an seine Gegenwart in den konsekrierten Gaben glauben, austeilen, verpflichtet die römisch-katholische Kirche ihre Mitglieder dazu, die Eucharistie nur innerhalb der eigenen Kirche zu empfangen und erlaubt den Kommunionsempfang von Angehörigen getrennter Konfessionen nur unter besonderen Umständen. Bei bestehender Lebensgefahr darf ein katholischer Priester die Sterbesakramente Mitgliedern anderer Denominationen spenden. Orthodoxen Gläubigen dürfen hingegen die Sakramente der Buße, der Eucharistie und der Krankensalbung stets gespendet werden, wenn diese von sich aus darum bitten und in rechter Weise disponiert sind. 2004 hob Papst Johannes Paul II. in der Enzyklika *Ecclesia de Eucharistia* noch einmal die Bedeutung der Eucharistie als zentrales Glaubensgeheimnis der römisch-katholischen Kirche und für die mit ihr in Glaubens-, Gebets- und Sakramentengemeinschaft stehenden katholischen Kirchen hervor und rief dazu auf, jedem Missbrauch vorzubeugen.[23]

Verbreitung

Die Katholische Kirche ist in weiten Teilen der Erde verbreitet, v. a. in:

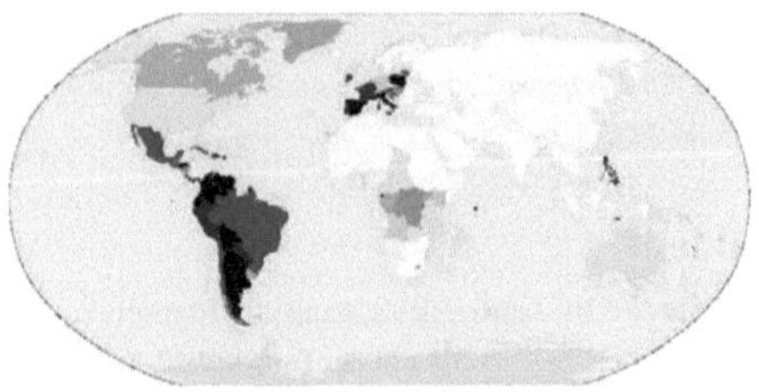

Verbreitung der katholischen Kirche

- in Mittel- und Südamerika
- in Süd– und Südosteuropa: Nordalbanien, Italien, Kroatien, Kosovo, Malta, Slowenien
- in Westeuropa: Spanien, Portugal, Irland, Frankreich, Belgien
- in Nordeuropa: Litauen
- in Mitteleuropa: Deutschland, Polen, Österreich, Tschechien, Slowakei, Schweiz, Ungarn
- in Osteuropa: Polen, in einigen Landesregionen Rumäniens
- in einigen Teilen Afrikas: Äquatorialguinea, Angola, Burundi, Demokratische Republik Kongo, Gabun, Kamerun, Madagaskar, Ruanda, Mosambik und Republik Kongo
- in Asien beschränkt sich ihr Einfluss auf die Philippinen, Osttimor, Macau, Palau, Vietnam und Südkorea

Weltweit gibt es 1,181 Milliarden römisch-katholische Christen in 2.945 Diözesen.

Der Zuwachs von 2008 auf 2009 betrug 1,3 %, wodurch die katholische Kirche deutlich schneller gewachsen ist als die Weltbevölkerung. Der Anteil der Katholiken an der Weltbevölkerung stieg hierdurch ebenfalls und beträgt nun 18,7 %.

Die Nord-, Mittel- und Süd-Amerikaner (die 13,6 Prozent der christlichen Weltbevölkerung ausmachen) bilden 49,8 Prozent der katholischen Weltbevölkerung; die Europäer, die einen nur leicht geringeren Anteil an der Weltbevölkerung ausmachen, 24,6 Prozent der katholischen Weltbevölkerung. Die Asiaten, rund 61 Prozent der Weltbevölkerung, stellen 10,7 Prozent der katholischen Weltbevölkerung, die Afrikaner 15,2 Prozent und die Bevölkerung von Ozeanien 0,8 Prozent.[24]

2009 gab es in der katholischen Kirche 5.065 Bischöfe und 410.593 Ordens- und Diözesanpriester. Die Zahl der Studenten in den Diözesan- oder Ordensseminaren betrug 2009 117.978.

Der Anteil am Weltpriestertum betrug in Europa im Jahr 2008 rund 47,1 Prozent der Priester, in Amerika 30 Prozent, in Asien 13,2 Prozent, in Afrika 8,7 Prozent und in Ozeanien 1,2 Prozent.[25] [26] [27]

Die katholische Kirche ist zudem mit etwa 1,2 Millionen Angestellten einer der größten Arbeitgeber weltweit.

Die katholische Kirche und ihre jeweilige Landesentwicklung

- Katholische Kirche in Ozeanien
  - Katholische Kirche in Australien
  - Katholische Kirche in Neuseeland

Siehe auch

- Homosexualität und römisch-katholische Kirche
- Katholizismus
- Kirchenkritik
- Liste der Päpste
- Liste der Seligen und Heiligen
- Sexueller Missbrauch in der römisch-katholischen Kirche

Literatur

- Winfried Aymans: Artikel *Kirche VI. Kirchenrechtlich*; in: $LThK^3$ 5, Sp. 1478–1479; Freiburg, Basel, Rom, Wien: Herder, 1996; ISBN 3-451-22005-9.
- *Constitutio Dogmatica de Ecclesia / Dogmatische Konstitution über die Kirche* (Lumen Gentium); Text lateinisch-deutsch und Kommentar von Gérard Philips, Aloys Grillmeier, Karl Rahner, Herbert Vorgrimler, Ferdinand Klostermann, Friedrich Wulf und Otto Semmelroth; in: $LThK^2$ 12, S. 137–347; Freiburg, Basel, Wien: Herder, 1966 (=1986; ISBN 3-451-20756-7.)
- *Constitutio Dogmatica de Ecclesia* (Lumen Gentium); in: Acta Apostolicae Sedis 57 (1965), S. 5–75.
- Joachim Drumm, Walter Kasper: Artikel *Kirche II. Theologie- und dogmengeschichtlich*; in: $LThK^3$ 5, Sp. 1458–1466; Freiburg, Basel, Rom, Wien: Herder, 1996; ISBN 3-451-22005-9.
- Walter Kasper: Artikel *Kirche III. Systematisch-theologisch*; in: $LThK^3$ 5, Sp. 1466–1474; Freiburg, Basel, Rom, Wien: Herder, 1996; ISBN 3-451-22005-9.
- Medard Kehl: *Die Kirche. Eine katholische Ekklesiologie*; Würzburg 2001; ISBN 3-429-01454-9.
- Hans Küng: *Kleine Geschichte der katholischen Kirche*, Berlin 2002; ISBN 3-442-76039-9.
- Edward Norman: *Geschichte der katholischen Kirche. Von den Anfängen bis heute*, Stuttgart 2007; ISBN 978-3-8062-2077-3.
- Andreas Sommeregger: *Soft Power und Religion. Der Heilige Stuhl in den internationalen Beziehungen*, Wiesbaden: VS Verlag für Sozialwissenschaften, 2011; ISBN 978-3-531-18421-0

Weblinks

Kirche

- Webseite des Heiligen Stuhls [28]
- Webseite Papst Benedikts XVI. [29]
- Katholische Diözesen auf der ganzen Welt [30]
- Römisch-katholische Kirche der Schweiz [31], Österreich [32] und Deutschland [33]
- Bischofskonferenzen in Österreich [34] und Deutschland [35]
- Übersicht und Links zu den katholischen Ordenshäusern [36]
- Kurze Darstellung unierter Kirchen [37]

Online-Literatur

- *Katechismus der Katholischen Kirche 1997* [38]. Website des Vatikans, deutsche Fassung. Abgerufen am 26. Juni 2011.
- Katechismus der Katholischen Kirche (Kompendium) [39]. Erneuerte und gekürzte Fassung des Katechismus.
- Standardwerke zur katholischen Theologie [40]
- Theologischer Leseraum [41] – Lehramtliche Dokumente und Artikel zur katholischen Theologie
- Kathpedia – katholische Enzyklopädie [42] – Weltanschauung basierend auf dem Katechismus

Personen

- Personenverzeichnis [43] – Bischöfe in den Diözesen der Welt und Mitarbeiter der Kurie
- Weltweite Übersicht über lebende und verstorbene kath. Würdenträger [44] (englisch)
- Links zum Thema Katholische (Glaubensrichtung) [45] im Open Directory Project

Einzelnachweise

[1] Zenit: Statistik zum Päpstlichen Jahrbuch 2011 vorgestellt (https://www.zenit.org/article-22569?l=german&utm_campaign=germanweb&utm_medium=article&utm_source=zenit.org/g-22569), 21. Februar 2011. Abgerufen am 28. Februar 2011.

[2] http://www.vatican.va/

[3] *The World Factbook* (https://www.cia.gov/library/publications/the-world-factbook/geos/xx.html). In: *Central Intelligence Agency*. Abgerufen am 26. September 2011.

[4] http://www.bibleserver.com/go.php?lang=de&bible=EU&ref=Mt16%2C18-19

[5] Hauschild: Lehrbuch der Dogmen- und Kirchengeschichte I. 3. Aufl. S. 89

[6] Hauschild: Lehrbuch der Dogmen- und Kirchengeschichte I. 3. Aufl. S. 88.

[7] Dogmatische Konstitution über die Kirche „Lumen gentium" Nr. 9 *Katechismus der Katholischen Kirche* (http://www.vatican.va/archive/DEU0035/_P2D.HTM). Website des Vatikans. Abgerufen am 15. Juli 2011.

[8] *Codex des Kanonischen Rechtes, Ziff. 849* (http://www.vatican.va/archive/DEU0036/__P2U.HTM). Website des Vatikans. Abgerufen am 15. Juli 2011.

[9] *Dogmatische Konstitution über die Kirche Lumen Gentium, Ziff. 31* (http://www.vatican.va/archive/hist_councils/ii_vatican_council/documents/vat-ii_const_19641121_lumen-gentium_ge.html). Website des Vatikans. Abgerufen am 17. Juli 2011.

[10] *Dogmatische Konstitution über die Kirche Lumen Gentium, Ziff. 32* (http://www.vatican.va/archive/hist_councils/ii_vatican_council/documents/vat-ii_const_19641121_lumen-gentium_ge.html). Website des Vatikans. Abgerufen am 4. August 2011.

[11] Aymans – Mörsdorf, Kanonisches Recht II, S. 216

[12] Aymans – Mörsdorf, Kanonisches Recht II, S. 222

[13] Aymans – Mörsdorf, Kanonisches Recht II, S. 271

[14] Aymans – Mörsdorf, Kanonisches Recht II, S. 274

[15] Aymans – Mörsdorf, Kanonisches Recht II, S. 342

[16] http://www.dbk.de/fileadmin/redaktion/Zahlen%20und%20Fakten/Kirchliche%20Statistik/Eckdaten%20des%20Kirchlichen%20Lebens%20in%20den%20Bistuemern%20Deutschlands/Flyer_Eckdaten2010.pdf

[17] *Statistik der katholischen Kirche.* In: *katholisch.at.* (http://www.katholisch.at/site/article_blank.siteswift?do=all&c=gotosection&d=site/kirche/kircheinoesterreich/statistik)

[18] (Polnisch) (http://www.iskk.ecclesia.org.pl/praktyki-niedzielne.htm)

[19] Bundesamt für Statistik (der Schweiz): *Religionszugehörigkeit* (http://web.archive.org/web/20070314205515/http://www.bfs.admin.ch/bfs/portal/de/index/themen/volkszaehlung/uebersicht/blank/kennzahlen0/religionszugehoerigkeit.html)

[20] Statistik der katholischen Kirche in den Niederlanden *Rapportnr. 590 Kerncijfers 2008 uit de kerkelijke statistiek van het Rooms-Katholiek Kerkgenootschap in Nederland* (http://www.ru.nl/kaski/onderzoek/publicaties/)

[21] „Unitatis redintegratio" – Dekret über den Ökumenismus, Nr. 11 ((http://www.vatican.va/archive/hist_councils/ii_vatican_council/documents/vat-ii_decree_19641121_unitatis-redintegratio_ge.html))

[22] Katechismus der Katholischen Kirche (1993). Nr. 2042 und Nr. 2043, S. 526. München: Oldenbourg

[23] vgl. Ecclesia de Eucharistia, auf Deutsch (http://www.vatican.va/edocs/DEU0210/_INDEX.HTM)

[24] http://www.kath.net/detail.php?id=30216

[25] ZENIT – Aktuelle Kirchenstatistik: „Annuario Pontificio" 2010 Papst Benedikt XVI. vorgestellt (http://www.zenit.org/article-19885?l=german)

[26] Annuario Pontificio 2010 « Jobo72's Weblog (http://jobo72.wordpress.com/tag/annuario-pontificio-2010/)

[27] RADIO VATICANA: Presentato l'Annuario Pontificio 2010 al Papa: aumentano i fedeli cattolici e i sacerdoti nel mondo, in particolare in Asia e Africa (http://www.radiovaticana.org/it1/Articolo.asp?c=358511)

[28] http://www.vatican.va/phome_ge.htm
[29] http://www.vatican.va/holy_father/benedict_xvi/index_ge.htm
[30] http://www.katolsk.no/utenriks/index_de.htm
[31] http://www.kath.ch/
[32] http://www.katholisch.at/
[33] http://www.katholisch.de/
[34] http://www.bischofskonferenz.at/
[35] http://dbk.de/
[36] http://www.orden.de/
[37] http://www.damian-hungs.de/
[38] http://www.vatican.va/archive/DEU0035/_INDEX.HTM
[39] http://www.vatican.va/archive/compendium_ccc/documents/archive_2005_compendium-ccc_ge.html
[40] http://www.stjosef.at/index.htm?dok_standardwerke.php~mainFrame
[41] http://www.uibk.ac.at/theol/leseraum/
[42] http://www.kathpedia.com/
[43] http://www.apostolische-nachfolge.de/
[44] http://www.catholic-hierarchy.org/
[45] http://www.dmoz.org/World/Deutsch/Gesellschaft/Religion_und_Spiritualität/Christentum/Glaubensrichtungen/katholische/

Diözese

Eine **Diözese**, auch **Bistum** genannt, ist ein in der Regel territorial abgegrenzter kirchlicher Verwaltungsbezirk. Die Bezeichnung Diözese leitet sich von der Untergliederung des Römischen Reiches in Diözesen her. Der Begriff Bistum hingegen bezieht sich auf das Jurisdiktionsgebiet eines Bischofs. Alte Bezeichnungen dafür sind **Sprengel** oder **Kirch(en)sprengel**[1] .

Römisches Reich

Der Begriff *Diözese* (griechisch διοίκησις *dioikesis* ‚Verwaltung') bezeichnete ursprünglich die staatliche Finanzverwaltung im alten Rom und wurde von Kaiser Diokletian (284–305) aufgegriffen, als er das Reich neu untergliederte.

Die Regionaleinteilung Diokletians wurde im 4. Jahrhundert von der alten Kirche übernommen. Während die orthodoxen Kirchen bis heute den Begriff „Eparchie" verwenden, kam im Westen ab dem 13. Jahrhundert der Begriff „Diözese" für den übergeordneten Bischofssprengel allgemein in Gebrauch, im deutschsprachigen Bereich auch der Begriff „Bistum". Diese Form des Kirchenaufbaus wird heute außer in der katholischen Kirche noch in verschiedenen anderen Kirchen verwendet, z.B. in der orthodoxen Kirche, der anglikanischen Kirche, der methodistischen Kirche, altkatholischen Kirche und Teilen des Luthertums.

Römisch-katholische Kirche

In der römisch-katholischen Kirche ist eine Diözese eine in der Regel territorial abgegrenzte Körperschaft. Konstitutiv für eine Diözese sind nach dem Dekret Christus Dominus des Zweiten Vatikanischen Konzils der Bischof, Presbyterium und Gottesvolk.[2] . Zudem ist eine Diözese in der Regel an einen Ritus gebunden.[3]

Neben territorialen kann es auch personal umschriebene Diözesen geben. Dazu gehören die Teilkirchen für die Gläubigen eines anderen Ritus auf dem Gebiet einer oder mehrerer lateinischer Teilkirchen oder die Militärordinariate.

Derzeit gibt es in der römisch-katholischen Kirche 2.945 Diözesen.[4] Jede Diözese gilt zugleich als Partikularkirche der römisch-katholischen Kirche. Für die Errichtung neuer Diözesen ist der Papst zuständig. Eine Diözese muss in Pfarreien untergliedert sein, die zu Dekanaten zusammengefasst werden können.

Errichtung

Die Errichtung, Umschreibung und Aufhebung von Diözesen ist in der Regel dem Apostolischen Stuhl vorbehalten (can. 373 [5] CIC). Eine Ausnahme hiervon macht lediglich das Kanonische Recht der Orientalischen Kirchen (CCEO), das dem Patriarchen und der jeweiligen Synode gewisse Rechte bei der Errichtung, Neuumschreibung und Aufhebung von Diözesen zuweist. In diesem Fall ist der Apostolische Stuhl jedoch zumindest zu konsultieren.[6]

Bei der Errichtung, Umschreibung oder Aufhebung von Diözesen ist die betreffende Bischofskonferenz zu hören (cann. 3722 [5] CIC). Zudem kann es, wie etwa in Deutschland, aufgrund von Verträgen notwendig sein, für die Errichtung oder Umschreibung von Diözesen Vereinbarungen mit den betreffenden Staaten zu treffen.[7]

Gliederung

Jede Diözese ist in Pfarreien zu untergliedern (can. 374 [5] CIC). Dies gilt auch für die Personaldiözesen. In Militärordinariaten findet eine entsprechende Gliederung statt, die von Fall zu Fall verschieden sein kann. Angehörige des Militärordinariates sind rechtlich nicht vollständig aus ihrer Diözese ausgegliedert[8] , wie es auch die Angehörigen der gegenwärtig bestehenden Personalprälatur, des Opus Dei, nicht sind.[9]

Leitung

Vorsteher einer Diözese ist der Bischof. Dieser besitzt volle Jurisdiktion und wird daher auch, zur Unterscheidung vom Titularbischof (Weihbischof), Diözesanbischof genannt. Er ist zur Residenz in seiner Diözese verpflichtet (can. 395 [10] CIC).

Vertreter des Bischofs ist der Generalvikar, dem die ausführende Gewalt zukommt, die auch der Bischof innehat. Keinen Anteil dagegen hat er an der gesetzgeberischen Gewalt des Diözesanbischofs.[11] Zudem soll er nicht an der richterlichen Gewalt teilhaben.[11] Die Ernennung eines Generalvikars durch den Diözesanbischof ist verpflichtend (can. 475 §1 [12] CIC).

Neben dem Generalvikar können durch den Diözesanbischof Bischofsvikare bestellt werden, denen für einen bestimmten Aufgabenbereich die Kompetenzen des Generalvikars zukommen.

Der Vertreter des Bischofs in der kirchlichen Gerichtsbarkeit ist der Offizial und in der Priesterausbildung der Regens. Einigen Bischöfen ist zur Unterstützung in der Weihegewalt ein Weihbischof beigegeben, der jedoch, obwohl in der Weihe voll und ganz Bischof, in allem vom Diözesanbischof abhängig ist. In Ausnahmefällen kann vom Apostolischen Stuhl eine Visitation durch einen Apostolischen Visitator angeordnet werden.

Zusammenschluss von Diözesen

Eine Diözese ist gewöhnlich mit anderen Diözesen zu einer Kirchenprovinz zusammengeschlossen. Der Vorsteher einer Kirchenprovinz trägt den Titel Metropolit. Dieser ist selber Diözesanbischof einer Diözese der Kirchenprovinz, die als Erzdiözese bezeichnet wird. Es gibt jedoch auch Diözesen, die keiner Kirchenprovinz angehören und direkt dem Apostolischen Stuhl (Papst) unterstehen, so zum Beispiel die Diözesen in der Schweiz, das Erzbistum Vaduz und das Erzbistum Straßburg. Sie werden exemte oder immediate Diözesen genannt.

Erzbischof Julian Barrio Barrio bei einem Besuch in Biberach/ Riß am Jakobsweg

Eine Erzdiözese ist rechtlich von der Diözese nicht verschieden. Der Name zeigt eine historische Bedeutung an oder den Sitz eines Metropoliten. Die Erzdiözese bildet in letzterem Fall zusammen mit weiteren Diözesen (Suffragandiözesen) die Kirchenprovinz. In seltenen Fällen kann eine Erzdiözese auch Suffragan einer weiteren Erzdiözese sein. So untersteht z. B. die Erzdiözese Aix dem Metropoliten in Marseille.

Umgrenzung

Üblicherweise halten sich die Diözesangrenzen der römisch-katholischen Kirche an politische Grenzen. Entsprechend bilden die Bischöfe eines Landes eine Bischofskonferenz. Nur in wenigen Fällen wie in der Karibik erstreckt sich eine Diözese über mehrere Länder. In Deutschland gab es zur Zeit der deutschen Teilung einige Bistümer, die West- wie Ostdeutsche Gebiete umfassten.

Die Größe der Diözesen ist von Land zu Land verschieden, im Allgemeinen sind die Bistümer in den altchristlichen Gebieten der Mittelmeerländer sowohl von der Fläche als auch von der Bevölkerungszahl her wesentlich kleiner als in später christianisierten Gebieten wie Deutschland.

Ersatzformen der Diözese

Faktisch im Range einer Diözese stehen auch die Jurisdiktionsbezirke in Missionsgebieten, wie Mission sui juris, Apostolische Präfektur, Apostolisches Vikariat und Apostolische Administratur. Gleiches gilt für die Territorialabteien und Territorialprälaturen. Die Vorsteher dieser Teilkirchen sind den Diözesanbischöfen rechtlich gleichgestellt.[13]

Diözesen in deutschsprachigen Ländern

Deutschland

In der römisch-katholischen Kirche in Deutschland gibt es derzeit 27 Bistümer (7 Erzbistümer und 20 Bistümer).

1. Erzbistum Bamberg: Bistum Eichstätt, Bistum Speyer, Bistum Würzburg
2. Erzbistum Berlin: Bistum Dresden-Meißen, Bistum Görlitz
3. Erzbistum Freiburg: Bistum Mainz, Bistum Rottenburg-Stuttgart
4. Erzbistum Hamburg: Bistum Hildesheim, Bistum Osnabrück
5. Erzbistum Köln: Bistum Aachen, Bistum Essen, Bistum Limburg, Bistum Münster, Bistum Trier
6. Erzbistum München und Freising: Bistum Augsburg, Bistum Passau, Bistum Regensburg

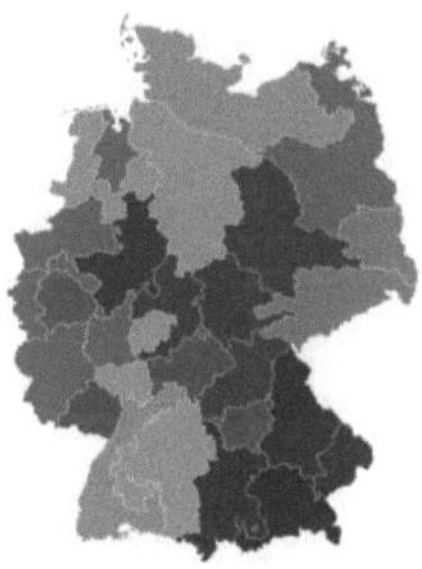

27 Bistümer in Deutschland

7. Erzbistum Paderborn: Bistum Erfurt, Bistum Fulda, Bistum Magdeburg

Österreich

In Österreich gibt es zwei Erzdiözesen, die die Kirchenprovinzen darstellen, und sieben territoriale Diözesen (Suffragandiözesen), weiters eine Militärdiözese und eine Territorialabtei (Immediat, direkt dem Heiligen Stuhl unterstellt). Die Grenzen der Diözesen entsprechen dabei weitgehend denen der österreichischen Bundesländer, die Erzdiözese Wien umfasst aber neben der Stadt selbst auch einen Teil Niederösterreichs, und der Osten Nordtirols

gehört zur Erzdiözese Salzburg.

- Erzdiözese Salzburg (errichtet 798) mit den Suffragandiözesen:
  - Diözese Feldkirch
  - Diözese Graz-Seckau
  - Diözese Gurk
  - Diözese Innsbruck
- Erzdiözese Wien (errichtet 1469) mit den Suffragandiözesen:
  - Diözese Eisenstadt
  - Diözese Linz
  - Diözese St. Pölten
- Österreichische Militärdiözese (errichtet 1986)
- Territorialabtei Wettingen-Mehrerau (1854)

Siehe auch: Österreichische Bischofskonferenz

Schweiz

In der Schweiz gibt es keine Erzdiözesen mit einer Kirchenprovinz, ihre Aufgabe übernimmt direkt die römische Kurie. Dies ist in der römisch-katholischen Kirche eine Besonderheit, welche schon verschiedentlich in der Diskussion stand.

Karte der Bistumseinteilung der Schweiz 2006

Es bestehen sechs Diözesen (üblicherweise als Bistümer bezeichnet):

- Bistum Basel mit Bischofssitz in Solothurn
- Bistum Chur
- Bistum Lausanne-Genf-Freiburg mit Bischofssitz in Freiburg
- Bistum Lugano
- Bistum St. Gallen
- Bistum Sitten

Weiter gibt es die zwei Territorialabteien Abtei Saint-Maurice und Abtei Maria Einsiedeln.

Liechtenstein

Das Fürstentum Liechtenstein bildet das Erzbistum Vaduz, das direkt der römischen Kurie unterstellt ist.

Luxemburg

Luxemburg bildet das Erzbistum Luxemburg.

Belgien

Die katholische Kirche von Belgien besteht aus einer Kirchenprovinz mit acht Bistümern. Der Erzbischof ist zugleich Primas.

- Erzbistum Mecheln-Brüssel
- Bistum Antwerpen
- Bistum Brügge
- Bistum Gent
- Bistum Hasselt
- Bistum Lüttich
- Bistum Namur
- Bistum Tournai

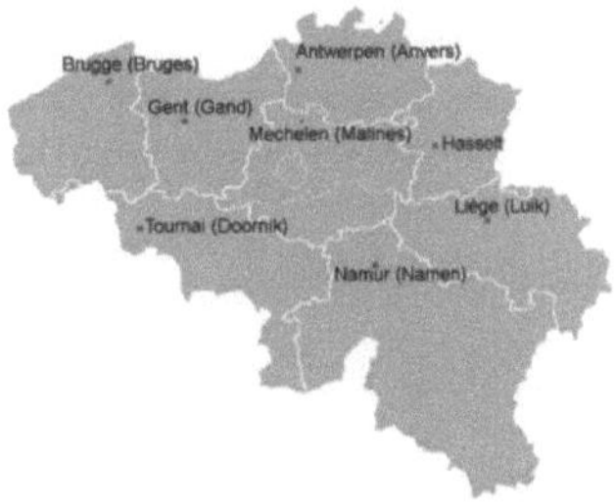

Karte der Bistumseinteilung in Belgien

Diözesen in anderen Ländern

Übersicht über alle katholischen Diözesen weltweit siehe: Liste der katholischen Bistümer.

Evangelische Kirche

In der evangelischen Kirche wurde bis in das 19. Jahrhundert eine Verwaltungseinheit mehrerer Einzelgemeinden innerhalb einer Landeskirche gelegentlich als *Diözese* bezeichnet (Z.B. Diözesen der Kirchenprovinz Ostpreußen oder Generaldiözesen der hannöverschen Landeskirche). Der Begriff ist in der evangelischen Kirche in Deutschland nicht mehr gebräuchlich. Die evangelische Kirche A.B. in Österreich ist in sieben Diözesen gegliedert, wobei *Diözese* – auch in der Kirchenverfassung – als Alternativbezeichnung zu *Superintendenz* verwendet wird. Auch die Evangelisch-Augsburgische Kirche in Polen ist in Diözesen untergliedert. Bei den lutherischen Landeskirchen Skandinaviens heißen die Sprengel der Bischöfe Stifter, nach der skandinavischen Bezeichnung für Bistum.

Anglikanische Kirche

Die Gliedkirchen der Anglikanischen Gemeinschaft sind ihrerseits ebenfalls in Bistümern organisiert.

Siehe z.B. Erzbischof von Canterbury, Bistümer der Episkopalkirche der Vereinigten Staaten von Amerika, sowie die einzelnen Artikel zu den Gliedkirchen (Querverweis in der Navigationsleiste zum Artikel über die Anglikanische Gemeinschaft).

Siehe auch

- Liste der Bistümer in Deutschland

Literatur

- Manfred Clauss: *Der magister officiorum in der Spätantike (4.–6. Jh): das Amt und sein Einfluss auf die kaiserliche Politik.* München 1980.
- Arnold Hugh Martin Jones: *The later Roman empire (284–602): a social, economic, and administrative survey.* Bd. 3, Oxford 1964.
- Johannes Neumann: Art. *Bistum.* In: Theologische Realenzyklopädie 6 (1980), S. 697–709.

Weblinks

- Übersicht der Bistümer der katholischen Kirche in Deutschland [14]
- Internationaler Überblick über die Diözesen der kath. Kirche. [15]

Einzelnachweise

[1] *Kirchsprengel* (http://www.woerterbuchnetz.de/DWB/wbgui_py?lemma=kirchsprengel). Deutsches Wörterbuch von Jacob Grimm und Wilhelm Grimm. Band 11, Spalte 826. Abgerufen am 25. September 2010.
[2] Aymans - Mörsdorf, Kanonisches Recht II, S. 316
[3] Aymans - Mörsdorf, Kanonisches Recht II, S. 317
[4] http://www.radiovaticana.org/it1/Articolo.asp?c=358511
[5] http://www.vatican.va/archive/DEU0036/__P1C.HTM
[6] can 85 § 1 CCEO
[7] Aymans - Mörsdorf, Kanonisches Recht II, S. 318
[8] Aymans -Mörsdorf, Kanonisches Recht II, S. 326
[9] (http://www.opusdei.de/art.php?p=12541)
[10] http://www.vatican.va/archive/DEU0036/__P1E.HTM
[11] Aymans - Mörsdorf, Kanonisches Recht II, S. 378
[12] http://www.vatican.va/archive/DEU0036/__P1O.HTM
[13] Aymans - Mörsdorf, Kanonisches Recht II, S. 340
[14] http://www.katholisch.de/37.html
[15] http://www.catholic-hierarchy.org

Normdaten (Sachbegriff): GND: 4070487-7 (http://d-nb.info/gnd/4070487-7)

Papst

Papst (von griechisch πάππας, *pappas*, „Vater, Bischof"; kirchenlat. *papa*; mhd. *babes[t]*) ist der religiöse Titel des Oberhaupts der römisch-katholischen Kirche (auch: *Heiliger Vater* oder *Santo Padre*).

Benedikt XVI., der 265. und amtierende Papst

Unter der Bezeichnung *Heiliger Stuhl* agiert der römische Papst sowohl allein als auch zusammen mit der Kurie international als nichtstaatliches Völkerrechtssubjekt[1] und vertritt zugleich den Staat der Vatikanstadt als staatliches Völkerrechtssubjekt, dessen Staatsoberhaupt er ist.[2] Als absoluter Monarch der Vatikanstadt ist der Papst auch Gesetzgeber und wird in dieser Funktion durch eine Kommission vertreten.[3] Er kann auch Regelungen bezüglich der Papstwahl und der gesetzgebenden Kommission außer Kraft setzen.

Derzeitiger Amtsinhaber ist der am 19. April 2005 im Konklave gewählte ehemalige deutsche Hochschullehrer, Erzbischof und Kurienkardinal Joseph Ratzinger, der den Papstnamen Benedikt XVI. annahm.

Die Kathedralkirche des Papstes ist die Lateranbasilika. Sie ist die ranghöchste der römischen Patriarchalbasiliken. Amtssitz des Papstes ist der Vatikan. Seit 1871 residiert der Papst im Apostolischen Palast neben dem Petersdom. Seine Amtsräume befinden sich im zweiten Stock des Apostolischen Palastes, er selbst wohnt im dritten Stock des Palastes. Vor dem 13. Jahrhundert residierte der Papst im Lateran.

Geschichte

Simon Petrus, Teilansicht des Bildes *Die vier Apostel* von Albrecht Dürer

Der Papst versteht sich als Nachfolger des Apostels Petrus, der nach der Überlieferung um das Jahr 67 in Rom den Märtyrertod erlitt. Nach Auffassung der Katholiken und einigen anderen christlichen Kirchen war Petrus erster Bischof von Rom.[4]

Der Anspruch des Petrus und seines Nachfolgers auf Leitungsgewalt wird aus mehreren Bibelstellen abgeleitet, darunter Matthäus-Evangelium, Kapitel 16, Vers 18–19, die wie folgt lautet (Einheitsübersetzung):

> 18 „Du bist Petrus und auf diesen Felsen werde ich meine Kirche bauen und die Mächte der Unterwelt werden sie nicht überwältigen. 19 Ich werde dir die Schlüssel des Himmelreichs geben; was du auf Erden binden wirst, das wird auch im Himmel gebunden sein, und was du auf Erden lösen wirst, das wird auch im Himmel gelöst sein."

Umstritten ist, ob der 1. Clemensbrief aus dem Jahre 98 – nach manchen aus dem Jahre 69 – bereits eine Vorrangstellung der Gemeinde von Rom dokumentiert oder als brüderliche Ermahnung unter Gleichberechtigten anzusehen ist. In diesem Brief an die Gemeinde von Korinth fordert die Gemeinde von Rom von den Korinthern die Rücknahme von abgesetzten Presbytern. Der Brief nimmt Bezug auf das Martyrium der Apostel Petrus und Paulus in Rom.

Päpste bei der Anbetung des mystischen Lammes (Teilansicht des Genter Altars von Jan van Eyck)

In der römisch-katholischen Kirche stammt die erste bekannte Verbindung des Titels „Papst" mit dem Bischof von Rom aus der Zeit des Marcellinus († 304), der in der Grabinschrift des Diakons Severus so bezeichnet wird. Bischof Siricius (Amtszeit 385–399) trug als Erster die Eigenbezeichnung *papa*. Als ausschließliche Amtsbezeichnung für den Bischof von Rom wird der Begriff von Gregor I. von 590 bis 604 gesetzlich festgeschrieben.

Bereits ab dem 3. Jahrhundert war *Papst* allgemein eine Ehrenbezeichnung für Bischöfe, Patriarchen und Äbte vor allem im Orient. So trägt auch das Oberhaupt der koptischen Kirche, die seit dem Konzil von Chalcedon 451 nicht mehr in Gemeinschaft mit der griechischen oder lateinischen Kirche steht, bis heute ebenfalls den Titel *Papst* bzw. *Papst von Alexandria* (→Liste der koptischen Päpste).

Seit der Amtszeit von Leo I. (440–461) führt der römische Papst die Bezeichnung „Pontifex Maximus", die bis zu Kaiser Gratian der römische Kaiser als oberster römischer Priester trug. Etymologien für die Bezeichnung „pontifex" sind unter anderem „Brückenbauer" oder „Pfadbahner".

Im Mittelalter gab es wiederholt gleichzeitig mehrere Päpste, da zu Lebzeiten eines bereits kanonisch gewählten Papstes ein Gegenpapst erhoben wurde. Dazu kam es, weil sich zum Beispiel das Kardinalskollegium spaltete oder der Kaiser oder stadtrömische Adelsfamilien in die Papstwahl eingriffen. Solche Eingriffe sind inzwischen unter Androhung der Exkommunikation verboten. Außerdem kam es im 14. Jahrhundert zur Verlegung der Residenz nach Avignon und zum großen Schisma (siehe Avignonesisches Papsttum und Abendländisches Schisma).

Im 15. Jahrhundert gewann der Konziliarismus an Auftrieb, der aber bald zurückgedrängt wurde.

Zur historischen Entwicklung des Papstgedankens, siehe auch Papalsystem.

Titel

Die Titel des Papstes sind nach dem Annuario Pontificio, dem offiziellen Jahrbuch des Vatikans, die folgenden:

- **Episcopus Romanus**, „Bischof von Rom".
- **Vicarius Iesu Christi**, „Stellvertreter Jesu Christi". Dieser Titel bezieht sich auf die religiösen Fundamente des Papstamtes, und des Jurisdiktionsprimats.
- **Successor Principis Apostolorum**, „Nachfolger des Apostelfürsten". Gemeint ist Petrus. Dieser Titel bezieht sich auf die religiösen Fundamente des Papstamtes.
- **Summus Pontifex Ecclesiae Universalis**, „Oberster Priester der Weltkirche". Dieser Titel regelt seine Stellung in der Liturgie, zum Beispiel in der Konzelebration mit Patriarchen.
- **Primas Italiae**, „Primas von Italien". Dabei handelt es sich um einen reinen Ehrentitel. Die einem Primas zukommende Gewalt übt der Papst schon aufgrund des päpstlichen Primats aus.
- **Archiepiscopus et Metropolitanus Provinciae Romanae**, „Erzbischof und Metropolit der Kirchenprovinz Rom". Wie alle Metropolitanbischöfe übt er bestimmte Aufsichts- und Kontrollrechte über seine Suffraganbischöfe aus.
- **Souverän des Staates der Vatikanstadt**. Dies ist der völkerrechtlich-weltliche Titel des Papstes.
- **Servus Servorum Dei**, „Diener der Diener Gottes". Diesen Titel hat sich zuerst Papst Gregor der Große gegeben, nachfolgende Päpste haben dies weitergeführt.

Der Titel **Patriarcha Occidentis** (deutsch „Patriarch des Abendlandes"), den die Päpste seit 450, als ihn Leo der Große angenommen hatte, geführt hatten, wurde im Annuario Pontificio des Jahres 2006 aus der offiziellen Papsttitulatur entfernt.

Nach katholischer Tradition gilt der Papst als „Patriarch der Westkirche" (auch: „Patriarch des Abendlandes", „Patriarch von Rom"), hergeleitet vom altkirchlichen Patriarchat von Rom, im Gegensatz zu den Patriarchen der Ostkirche.[5] Unabhängig vom Titel eines Patriarchen des Abendlandes wird der Papst von einigen Kanonisten als Patriarch *der Lateinischen Kirche* betrachtet. Alle Zuständigkeiten, die der Papst in der Westkirche, nicht aber in den unierten katholischen Ostkirchen hat, sind demnach Befugnisse, die sich aus der Stellung als Patriarch der Lateinischen Kirche ergeben.[6]

Zusätzlich zu dieser offiziellen Titulatur wird der Papst auch als **Pontifex Maximus** (in Inschriften oft als *P. M.* oder *Pont. Max.* abgekürzt) oder auch als **Episcopus Ecclesiae Catholicae** (deutsch „Bischof der katholischen Kirche") bezeichnet.

Dokumente werden vom Papst gewöhnlich mit seinem Papstnamen unterzeichnet, wobei zwischen dem eigentlichen Namen und der Ordnungszahl die Abkürzung *PP.* eingefügt wird. Die Abkürzung PP. steht für *Papa* (deutsch „Papst").[7] Die Unterschrift Benedikts XVI. lautet demnach *Benedictus PP. XVI.*

Kirchenrechtliche Stellung

Dem Papst kommt im Recht der katholischen Kirche die zentrale Rolle zu. Die umfassenden Kompetenzen sind in den canones 331 bis 335 des kirchlichen Gesetzbuches (CIC bzw. in den gleichlautenden Normen des Gesetzbuches für die mit Rom unierten katholischen Ostkirchen (CCEO) normiert.

Gemäß can. 331 CIC lebt im Papst als Bischof von Rom das von Jesus Christus Simon Petrus übertragene Amt fort. Der Papst hat nicht nur einen Ehrenvorrang vor den übrigen Bischöfen, er ist vielmehr Haupt des Bischofskollegiums und als solcher mit wirklichen Kompetenzen über die Gesamtkirche ausgestattet.[8]

Bischof von Rom

Die Lateranbasilika, Kathedrale des Bischofs von Rom

Als *Bischof von Rom* ist der Papst Leiter der römischen Ortskirche. Die Führung der Amtsgeschäfte ist weitgehend an den Kardinalvikar für das Bistum Rom delegiert.

Die christliche Gemeinde der Stadt Rom führt in ihrer Bischofsliste an erster Stelle den Apostel Petrus. Überliefert (und in den ersten Jahrhunderten unbestritten) ist außerdem dessen Martyrium und Grab in Rom (am vatikanischen Hügel).

Daher verstehen sich die Bischöfe von Rom seit ältester Zeit als Nachfolger des Apostelsprechers und Inhaber des Petrusamts gemäß *Matthäus 16,18.* Dieser Ehrenvorrang der Päpste, prinzipiell von vielen Kirchen und Konfessionen anerkannt und im Can. 6 des Konzils von Nicaea als Gewohnheit bezeichnet, ist in seinem dogmatischen und rechtlichen Umfang jedoch von Anfang an Gegenstand innerchristlicher Kontroversen. Das Dogma, dass der Bischof von Rom auch der einzige Rechtsnachfolger von Petrus ist und deshalb diese Leitungsfunktion über die ganze Kirche „erbt", ist nur in der römisch-katholischen Kirche anerkannt.

Kathedrale des römisch-katholischen Bistums Rom ist St. Johann im Lateran (Lateranbasilika). Dort befindet sich auch der Sitz des päpstlichen Kardinalvikars und seiner Behörde. Sie ist die ranghöchste der römischen Patriarchalbasiliken.

Primatialgewalt

Die Primatialgewalt des Papstes meint die „höchste, volle, unmittelbare und universale ordentliche Gewalt“ (can. 331 CIC), die der Papst immer und überall frei ausüben kann.

Höchstgewalt

Der Papst ist Träger der Höchstgewalt (*potestas suprema*), d.h. dass es in der Kirche keine Gewalt, die ihm rechtlich übergeordnet ist, gibt.[9] In diesem Zusammenhang stellt sich die Frage, wie mit ungeeigneten, beispielsweise häretischen Päpsten umgegangen werden soll. Ein Notstandsrecht für solche Fälle existiert in der katholischen Kirche nicht.[9]

Vollgewalt

Der Begriff der Vollgewalt (*potestas plena*) bezeichnet eine Gewaltenfülle in materieller und formeller Hinsicht.[10] Materiell bedeutet sie, dass sich die Primatialgewalt des Papstes nicht auf bestimmte Sachgebiete beschränkt, sondern sich auf alle Angelegenheiten der Kirche erstreckt, also auf die klassischen Bereiche des Lehrens, Heiligens und Leitens.[10] In formaler Hinsicht bedeutet Vollgewalt, dass die Amtsgewalt des Papstes Exekutive, Legislative und Judikative umfasst. So ist der Papst oberster Gesetzgeber der Kirche und nur an das göttliche Recht (*ius divinum*), welches als solches unveränderlich ist, gebunden.[10] Bezüglich rein kirchlichen Rechts (*ius mere ecclesiasticum*) kann er jederzeit neue Kanones erlassen, alte streichen oder von ihnen befreien (dispensieren).

Der Papst ist auch oberster Richter der Kirche und selbst keinem kirchlichen Gericht unterworfen (*prima sedes a nemine iudicatur*). Urteile des Papstes sind demgemäß stets letztinstanzlich und unanfechtbar. Mit Ausnahme bestimmter Fälle (can. 1405 § 1 CIC) ist die Rechtsprechung an entsprechende Gerichte der Kurie delegiert. Als oberster Verwalter der Kirche ist der Papst mit der Aufsicht über das ganze kirchliche Leben betraut. Dabei bedient er sich vor allem seiner Kurie, der Nuntien und besonderer Visitatoren. Zudem besteht für jede Bischofskonferenz die Pflicht, alle fünf Jahre in Rom über das kirchliche Leben auf dem Gebiet der Konferenz Bericht zu erstatten (Ad-limina-Besuch).[10]

Unmittelbare Gewalt

Die Primatialgewalt ist auch unmittelbar (*potestas immediata*). Das bedeutet, dass sich der Papst ohne Einschaltung eines Zwischenorgans jeder Sache annehmen kann. Der Papst kann so unter Ausschluss aller (originär zuständigen) Instanzen eine Sache an sich ziehen und sich eine bestimmte Entscheidung vorbehalten (Affectio papalis).[11] Umgekehrt kann sich jeder Gläubige direkt an den Papst wenden, ohne einen bestimmten Instanzenweg einhalten zu müssen (can. 1417 CIC). Die *affectio papalis* wird freilich nur subsidiär angewandt, damit die Kirchenverfassung nicht ausgehöhlt wird. Die Unmittelbarkeit der päpstlichen Gewalt ist durch die auf göttlichem Recht beruhende Eigenständigkeit des Bischofsamts begrenzt.[11] Die Amtsgewalt des Papstes tritt damit in der Regel nicht in Konkurrenz zur Amtsgewalt der Bischöfe.

Universalgewalt

Universalgewalt (*potestas universalis*) bedeutet, dass sich die Primatialgewalt auf die ganze Kirche, also auf alle Teilkirchen (z.B. Bistümer) und kirchlichen Teilgemeinschaften[12] bezieht. Der Papst ist also „Universalbischof der katholischen Kirche“, wobei zu berücksichtigen ist, wie die Unmittelbarkeit der päpstlichen Gewalt verstanden wird.

Bischöfliche Gewalt

Die Bezeichnung der Primatialgewalt als wirkliche bischöfliche Gewalt (*potestas vere episcopalis*) geht vor allem auf Bestrebungen zurück, die Primatialgewalt deutlich von der weltlichen Gewalt für das äußere Kirchenregiment zu unterscheiden und sie so auch dem weltlichen Einfluss zu entziehen.[13] Die Primatialgewalt ist also eine geistliche Gewalt, was heute auch nicht mehr in Frage steht.

Frei ausübbare Gewalt

Dass der Papst von seiner Primatialgewalt frei Gebrauch machen kann, bedeutet, dass er hierbei von keiner kirchlichen Instanz gehindert werden kann.[13]

Wahl

Zum Papst kann nach dem Kirchenrecht jeder gläubige männliche Katholik gewählt werden. Dabei erhält der Erwählte volle und höchste Gewalt in der Kirche durch die Annahme der rechtmäßig erfolgten Wahl (CIC, Can. 332, § 1). Wenn der Gewählte noch nicht Bischof ist, ist er sofort zum Bischof zu weihen. Die Wahl erfolgt auf Lebenszeit.

Der Papst wird im Konklave, einer Versammlung aller Kardinäle, die zum Zeitpunkt des Todes des Vorgängers jünger als 80 Jahre sind, auf Lebenszeit gewählt. Diese Altersbeschränkung gibt es erst seit Paul VI. Das Konklave wird heute in der Sixtinischen Kapelle am Petersdom abgehalten. Der letzte Papst, der zum Zeitpunkt seiner Wahl nicht Kardinal, sondern Erzbischof war und der Wahlversammlung darum selbst nicht angehörte, war Urban VI. im Jahre 1378.

Die 1996 mit der Konstitution *Universi Dominici Gregis* eingeführte Änderung der Wahlordnung, wonach ab dem 33. erfolglosen Wahlgang abweichend von der normalerweise geforderten Zweidrittelmehrheit zuzüglich einer Stimme auch eine absolute Mehrheit ausreicht, wurde 2007 von Papst Benedikt XVI. mit dem Motu proprio *De aliquibus mutationibus in normis de electione Romani Pontificis* wieder rückgängig gemacht.

Nach römisch-katholischem Kirchenrecht steht das Papstamt wie das Priester- und Bischofsamt überhaupt allein Männern offen. Die in verschiedenen Texten erwähnte Päpstin Johanna ist historisch nicht nachweisbar, vielmehr deuten die Quellen auf eine legendäre Überlieferung hin.

Die „papstfreie Zeit", in der für einen verstorbenen Amtsinhaber noch kein Nachfolger bestimmt oder der Heilige Stuhl aus anderen Gründen vakant (unbesetzt) ist, nennt man Sedisvakanz. Während dieser Zeit wird die Leitung der Kirche durch das Kardinalskollegium wahrgenommen. Dieses besitzt nach den Normen der Apostolischen Konstitution Universi Dominici Gregis jedoch nur sehr eingeschränkte Kompetenzen. Es darf nur ordentliche Angelegenheiten und solche, die keinen Aufschub dulden, entscheiden. Fragen, die der Jurisdiktion des Papstes zugewiesen sind, darf das Kollegium nicht an sich ziehen. Auch päpstliche Gesetze und die Rechte des Apostolischen Stuhls und der Römischen Kirche darf es nicht antasten.[14] Die Hauptaufgabe liegt bei der Vorbereitung der Papstwahl.

Aufgaben und Funktionen

Leitung der Kirche

Aufgabe des Papstes ist die Leitung der Gesamtkirche. Hierzu bedient er sich seiner amtlichen Gewalten, insbesondere der Primatialgewalt.

Der Papst stellt so die Einheit der in Teilkirchen (Bistümer, Kirchen eigenen Rechts) aufgeteilten Kirche sicher. Fragen und Sachen, die die Kirche als ganzes betreffen, sind seiner Amtsgewalt reserviert. Allein der Papst darf Bistümer errichten, neu umschreiben oder aufheben, die Erlaubnis zur Bischofsweihe erteilen, religiöse Institute aufheben und über Selig- und Heiligsprechungen abschließend befinden. Zudem sind dem Papst gewisse Prozesse, etwa Eheprozesse von Staatsoberhäupten oder Prozesse gegen Kardinäle reserviert. Im Hinblick auf die unierten Ostkirchen sind bei alldem die Rechte der Patriarchen und Metropoliten zu beachten, die im CCEO geregelt sind.

Zur Leitung der Gesamtkirche bedient sich der Papst eines umfangreichen Verwaltungsapparats, der Römischen Kurie. Die Kompetenzen und Zuständigkeiten der Kurienbehörden ist in der Apostolischen Konstitution Pastor Bonus geregelt.

Souverän des Staates Vatikanstadt

Der Papst ist Souverän des Staates der Vatikanstadt. Der 1929 durch die Lateranverträge gegründete Staat ist eine absolute Wahlmonarchie, der Papst Träger der gesetzgeberischen, rechtsprechenden und ausführenden Gewalt. Die Verwaltung des Staats ist an eine Kurienbehörde, die Päpstliche Kommission für den Staat der Vatikanstadt delegiert.

Behinderung und Erledigung des päpstlichen Stuhls

Im Fall der Behinderung oder der Erledigung darf hinsichtlich der Leitung der Gesamtkirche nichts verändert werden.[15] Behinderung bedeutet, dass der Papst aus irgendeinem Grund dauerhaft an der Amtsausübung gehindert ist (Gefangenschaft, Exil, Geisteskrankheit).[16] Erledigung des päpstlichen Stuhls tritt mit Amtsverzicht (can. 332 § 2 CIC) oder Tod des Papstes ein.

Besonderheiten

Insignien

Die päpstlichen Insignien bestehen aus

- dem Papstthron (*Cathedra Petri*)
- der dreifachen Papstkrone (*Tiara*). Paul VI. war bislang der letzte Papst, der mit der Tiara gekrönt wurde. 1964 legte er die Tiara ab. Seine Nachfolger verzichteten fortan auf eine Krönungszeremonie, führten die Tiara aber weiterhin in ihrem persönlichen Wappen. Benedikt XVI. ersetzte die Tiara in seinem persönlichen Wappen durch eine einfache Bischofsmitra mit drei goldenen, in der Mitte verbundenen Ringen.
- dem päpstlichen Hirtenstab (*Ferula*)
- dem Fischerring (*anulus piscatoris*)
- einer besonderen Form des Palliums sowie
- bestimmten liturgischen Gewändern

Krone der Päpste (Tiara); für Priester-, Hirten- und Lehrgewalt mit dem Reichsapfel als Symbol für die weltliche Macht, wird seit Paul VI. nicht mehr getragen

Kleidung

Als Reise- und Alltagsbekleidung trägt der Papst gewöhnlich eine weiße Soutane, ein weißes Zingulum (Gürtel) und einen weißen Pileolus (Scheitelkäppchen). Das Tragen einer weißen Soutane geht auf Papst Pius V. zurück, der dem Orden der Dominikaner angehörte und nach seiner Wahl zum Papst sein Ordensgewand nicht ablegte. Für kältere Tage steht dem Papst ein weiter roter Umhang, der so genannte „Mantello“, zur Verfügung. Als weitere traditionelle Kopfbedeckung kann der Papst in der kalten Jahreszeit einen mit Hermelinfell gefütterten Camauro tragen. Als erster Papst seit Johannes XXIII. hat Benedikt XVI. den Camauro einmalig zu einer Generalaudienz getragen. Auf seiner Brust trägt der Papst wie jeder katholische Bischof das Pektorale: ein Brustkreuz an einer Halskette. Für kälteres Wetter hat der Papst zudem einen weißen Mantel mit doppelreihigem Knopfbesatz.

Bei der Liturgie trägt der Papst ein Messgewand, darunter seit Benedikt XVI. wieder die Dalmatik, Mitra und das Pallium. Bei Liturgien, die keine Eucharistiefeier sind, etwa zum Stundengebet und bei besonderen Anlässen wie beispielsweise beim Empfang von Staatsbesuchen kann er über seiner Soutane ein weißes Chorhemd (Rochett) und eine rote Mozetta (Schulterüberwurf) anlegen. Die Winterversion der Mozetta ist aus rotem Samt und hat einen Hermelinsaum. Während der Osterzeit trägt Benedikt XVI. wieder die bis zu Paul VI. übliche weiße Mozetta aus Damast, die ebenfalls mit einem weißem Fellsaum versehen ist. Die rote Mozetta (Seide oder Samt) stammt noch aus der Zeit, als der Papst die Farbe Rot trug. Seit den Heiligsprechungen am 21. Oktober 2012 trägt Benedikt XVI. zu hohen Festtagen wieder den päpstlichen Fanon.

Zu religiösen Empfängen trug der Papst früher einen prunkvollen Rauchmantel, die Tiara, weiße Ponftifikalhandschuhe und erwartete Gäste auf seinem Thron im Thronsaal des Vatikans.

Namensgebung

Nach der erfolgten Wahl wird der neue Papst gefragt, welchen Namen er annimmt. Die Namenswahl unterliegt der freien Entscheidung des Papstes. Aus der Wahl des Namens versuchen Beobachter politische Ziele des neuen Papstes abzuleiten, indem die charakteristischen Eigenschaften von früheren Päpsten und Heiligen dieses Namens untersucht werden. Der Name Pius war vom Ende des 18. bis zur Mitte des 20. Jahrhunderts der mit Abstand am häufigsten gewählte Name. Seit dem Tod von Pius XII. (1958) wurde er nicht mehr gewählt.

Päpste können Namen annehmen, die die latinisierte Form ihres bürgerlichen Namens darstellen (Hadrian VI. = Adrian Florisz, Marcellus II. = Marcello Cervini), was jedoch seit dem 16. Jahrhundert nicht mehr vorgekommen ist. Viele Päpste nehmen die Namen bedeutender Vorgänger an wie beispielsweise Leo und Gregor oder auch jene von Heiligen wie zum Beispiel Paul VI., nach Apostel Paulus). Andere gehen nach der Bedeutung der Namen (Pius = fromm; Innozenz = unschuldig). Einige Päpste wählen ihren Namen aus persönlichen Gründen wie zum Beispiel Johannes XXIII., zu Ehren seines Vaters.

Ursprünglich behielten die Päpste nach der Wahl ihren eigenen Vornamen. Der erste Papst, der einen neuen Namen annahm, war Johannes II. im Jahr 533. Er hieß eigentlich Mercurius und wollte als Papst nicht den Namen eines heidnischen Gottes tragen. Jedoch blieb die Annahme eines neuen Namens bis zum Ende des 1. Jahrtausends eine Ausnahme und wurde erst mit Sergius IV. im Jahre 1009 zur Regel.

Der erste Name, der wiederholt von einem Papst angenommen wurde, war Sixtus (durch Sixtus II. im Jahr 257). Seitdem werden die Namen, die mehrfach angenommen werden, mit nachgestellten römischen Ziffern versehen. Die Päpste der Antike und des Frühmittelalters trugen jedoch häufig Namen, die kein zweites Mal angenommen wurden. Einige der antiken Namen wie Clemens und Pius wurden ab dem Hochmittelalter und damit dem Aufkommen der Namenswahl wieder aufgegriffen.

Johannes Paul I. wählte in Erinnerung an seine beiden Vorgänger den ersten Doppelnamen der Papstgeschichte. Zugleich ist dies der erste neue Papstname seit Lando von 913 bis 914. Nachdem er nach 33 Tagen im Amt gestorben war, wählte sein Nachfolger Karol Wojtyła ebenfalls den Papstnamen Johannes Paul II. Der Name des derzeitigen Papstes Benedikt XVI. nimmt Bezug auf Benedikt XV. von 1914 bis 1922, der vergeblich versuchte, den Ersten Weltkrieg zu verhindern bzw. zu beenden, sowie auf den Mönchsvater und Patron Europas, Benedikt von Nursia.

Strafrechtlicher Schutz des Papstes

Der Papst ist durch kirchliches und weltliches Recht gegen Akte physischer Gewalt geschützt. Can. 1370 § 1 droht als Strafe für solche Gewalt gegen den Papst die Exkommunikation an. Gemäß Artikel 8 des Lateranvertrags wird ein Attentat oder die Anstiftung zu einem solchen mit denselben Strafen bedroht wie entsprechende Handlungen gegen den italienischen Staatspräsidenten.

Amtsenthebungen

Ein Verfahren zur Absetzung eines Papstes ist nicht vorgesehen und nach heutigem Selbstverständnis des Papsttums auch nicht möglich. Im Laufe der Kirchengeschichte kam es jedoch wiederholt zur Erhebung von Gegenpäpsten etwa durch den Römisch-deutschen Kaiser oder interessierte Machtzirkel, die um den mit großer weltlicher Macht ausgestatteten Papstthron kämpften. Wer in die Geschichte als Gegenpapst einging, hing oft davon ab, welcher Kandidat sich im Kampf um den päpstlichen Stuhl letztlich durchsetzen konnte. Bekannte Fälle waren:

- 897 Formosus (postum) (*siehe*: Leichensynode)
- 963 Johannes XII. wegen Unwürdigkeit durch eine von Otto I. einberufene Synode
- 964 Leo VIII. wegen *crimina*.
- 964 Benedikt V. wegen unrechtmäßiger Besetzung des Bischofsstuhles.
- 998 Gegenpapst Johannes XVI. als Usurpator.
- 1415 Gegenpapst Johannes XXIII. wegen Simonie und Schisma durch das Konzil von Konstanz.
- 1415 Gregor XII. wurde im Zuge des Konzils von Konstanz wegen Häresie und Schisma zum Rücktritt gezwungen.
- 1417 Benedikt XIII. durch das Konzil von Konstanz.

Stellung und Kritik

Der universale Primatsanspruch des Bischofs von Rom entwickelte sich im Lauf des ersten Jahrtausends und gipfelte im *Dictatus Papae* von 1075. Der Papst gilt in der römisch-katholischen Kirche als oberster Herr der Gesamtkirche und Stellvertreter Christi auf Erden – ein Anspruch, der, abgesehen von den katholischen Unierten Kirchen, von allen übrigen Kirchen nicht anerkannt wird.

Das erste Vatikanische Konzil von 1869 bis 1870 erhob die Glaubensüberzeugung, der Papst sei, wenn er ex cathedra spricht, in Glaubensfragen unfehlbar, zum Dogma. Auch dieser Anspruch wird von den übrigen Kirchen abgelehnt; als Folge entstand zudem die Altkatholische Kirche. Ausdrücklich angewendet wurde das Unfehlbarkeitsdogma seit 1870 ein einziges Mal, 1950 bei der Formulierung des Dogmas von der leiblichen Aufnahme Mariens in den Himmel. Enzykliken und Lehrschreiben des Papstes sind für die römisch-katholische Kirche zwar bindend, aber nicht ohne weiteres als unfehlbare Lehrentscheidungen anzusehen. Die theologische Diskussion hierüber ist nicht abgeschlossen.

In der Alten Kirche gab es folgende fünf maßgebliche Patriarchen in der Reihenfolge des durch ökumenische Konzile definierten Ehrenvortritts:

1. den Bischof von Rom
2. den Bischof von Konstantinopel, seit Chalcedon im gleichen Rang wie Rom, aber im Vortritt nach Rom, da Rom älter ist
3. den Bischof von Alexandria
4. den Bischof von Antiochia
5. den Bischof von Jerusalem

Damals schon galt unter den Christen der römische Bischofssitz als „primus inter pares“, da Rom die Hauptstadt des Römischen Reiches war und die Kirche von Rom insbesondere durch die Gräber der „Apostelfürsten“ Petrus und Paulus als verehrungswürdig angesehen wurde. Der Kirchenhistoriker Eusebius von Caesarea († 339) notiert das Martyrium von Petrus und Paulus in Rom als eine in der ganzen Kirche bekannte Tatsache. Irenäus von Lyon († um 202) gibt die römische Ortstradition wieder, wonach das römische Bischofsamt sich in direkter Nachfolge vom Apostel Petrus herleite, der der erste Vorsteher (episkopos) der römischen Christengemeinde gewesen sei. Auch das Patriarchat von Antiochia beruft sich darauf, dass Petrus, bevor er nach Rom gegangen sei, dort seit dem Jahr 38 der erste Bischof war. Ebenso führen sich die übrigen Patriarchate und einige weitere östliche Bischofssitze auf einen Apostel zurück. Ob Petrus wirklich in Rom gewesen ist, ist unter Historikern allerdings umstritten.

Die römische Petrustradition ist historisch nicht ausgeschlossen, war aber in den ersten Jahrhunderten kein wichtiges Thema. Für die Anwendung von *Matthäus 16,18* auf die Bischöfe von Rom als Petrusnachfolger findet sich das früheste schriftliche Zeugnis bei Papst Damasus I. im 4. Jahrhundert. Dort wird auch die römische Kirche erstmals exklusiv als „sedes apostolica“ (apostolischer Stuhl) bezeichnet – eine Sonderstellung, die von den übrigen Patriarchaten nicht anerkannt wird. Durch die Teilung des Römischen Reiches wurden aber die monarchischen Tendenzen des einzigen westlichen (lateinischen) Patriarchensitzes weiter begünstigt.

Scharfe Kritiker sehen im Papsttum die Fortsetzung des Machtanspruchs des alten Roms und das Papstamt wird aus protestantischer Sichtweise sehr skeptisch, wenn auch nicht ausschließlich negativ beurteilt.[17] Die Konstantinische Wende rief einen völlig anderen Menschenschlag als den bisherigen an die Spitze der noch jungen Kirche. Während in den ersten Jahrhunderten Christen noch grausam verfolgt wurden und zum Christsein außerordentlich viel Mut gehörte, war nun das Christentum Teil der kaiserlichen Machtpolitik geworden und bot begehrenswerte, weil gut bezahlte und einflussreiche Ämter. Die römische Kirche hatte im Westen die traditionelle Vorherrschaft Roms übernommen. Versuche, sie auf die übrigen Patriarchate auszudehnen, scheiterten jedoch. In der Folge setzte sich das Papsttum in Westeuropa mehr und mehr auch als weltliche Herrschaft durch.

Eine Stellvertreterschaft Gottes, die aus der Bibel nicht stichhaltig abzuleiten sei, habe ihr Vorbild dagegen im römischen Kaisertum. Originär ist der Titel des Pontifex Maximus dem römischen Kaiser vorbehalten und findet nach dem Untergang des römischen Reiches eine Übertragung auf den Bischof von Rom. So stellte sich der Papst im Hochmittelalter in geistlichen und weltlichen Fragen als Gebieter über Könige und Völker, was sich jedoch ab dem 14. Jahrhundert immer weniger durchsetzen ließ. Auch auf religiösem Gebiet kam es im Spätmittelalter zu einer immer stärkeren Diversifikation, wobei die Kirche allerdings gegen Andersdenkende in ihrem Machtbereich vorging.

Siehe auch

- Liste der Päpste
- Apostolische Konstitution „*Ecclesia in Urbe*"
- Papstbesuche in Deutschland
- Papstbesuche in Österreich
- Papstaudienz
- Liste der historischen Gegenpäpste
- Konzil
- Sedisvakanz (Nichtbesetzung eines Amtes – hier der Stuhl Petri)
- Konklave (Papstwahl)
- Papstname
- Religiöse Titel

Literatur

- Georg Denzler: *Das Papsttum.* C.H. Beck Verlag, München 1997, ISBN 3-406-41865-1
- Walter Fleischmann-Bisten (Hg.): *Papstamt pro und contra. Geschichtliche Entwicklungen und ökumenische Perspektiven.* Bensheimer Hefte 97, Vandenhoeck & Ruprecht, Göttingen 2001, ISBN 3-525-87188-0
- Horst Fuhrmann: *Die Päpste.* 3. Aufl. Beck, München 2005, ISBN 3-406-51097-3
- Horst Herrmann: *Die Heiligen Väter.* Aufbau-Verlag, Berlin 2004, ISBN 3-7466-8110-3
- Ludwig Freiherr von Pastor: *Die Geschichte der Päpste.* 15 Bde., Freiburg im Breisgau 1928.
- Ludwig Ring-Eifel: *Weltmacht Vatikan. Päpste machen Politik..* Pattloch Verlag, München 2004, ISBN 3-629-01679-0
- Bernhard Schimmelpfennig: *Das Papsttum. Von der Antike bis zur Renaissance.* 6., bibliografische aktualisierte Aufl., Darmstadt 2009, ISBN 978-3-534-23022-8.
- Georg Schwaiger: *Papsttum und Päpste im 20. Jahrhundert. Von Leo XIII. zu Johannes Paul II.* C.H. Beck Verlag, München 1999, ISBN 3-406-44892-5
- Alexander Smoltczyk: *Vatikanistan. Eine Entdeckungsreise durch den kleinsten Staat der Welt,* München 2008: Heyne, ISBN 3-453-15434-7
- Harald Zimmermann: *Papstabsetzungen des Mittelalters,* Graz und andere 1968.

Weblinks

- Vatikan (Der Heilige Stuhl): Papst Benedictus XVI [29]
- IKvu-SPECIAL: Papstamt und Petrusdienst [18]
- Datenbank zu den Grabmälern und Karrieren der Päpste in Renaissance und Barock [19]
- Links zum Thema Päpste [20] im Open Directory Project
- Aktuelle Literatur zum Papstamt [21]
- Diakon Anton Odaysky. Die patristische Auslegung des Evangeliums nach Matthäus 16:18 [22]. Der Primat des Papstes in den Werken der Kirchenväter.

Einzelnachweise

[1] Das neue Grundgesetz des Vatikanstaates (http://www.vatican.va/vatican_city_state/legislation/documents/scv_doc_20001126_legge-fondamentale-scv_ge.html). In: *Vatican.va*, Art. 2.
[2] Das neue Grundgesetz des Vatikanstaates (http://www.vatican.va/vatican_city_state/legislation/documents/scv_doc_20001126_legge-fondamentale-scv_ge.html). In: *Vatican.va*, Art. 1.
[3] Das neue Grundgesetz des Vatikanstaates (http://www.vatican.va/vatican_city_state/legislation/documents/scv_doc_20001126_legge-fondamentale-scv_ge.html). In: *Vatican.va*, Art. 3.
[4] Papst ist Bischof von Rom und Nachfolger des Apostels des Petrus (http://www.vatican.va/archive/DEU0035/__P2F.HTM) Absatz 878; vgl. Papst ist Nachfolger des hl. Petrus (2) (http://www.vatican.va/holy_father/index_ge.htm). In: *Vatican.va.*
[5] Patriarch and Patriarchate (http://www.newadvent.org/cathen/11549a.htm) in Catholic Encyclopedia (http://www.newadvent.org/cathen/index.html) (englisch)
[6] Winfried Aymans, Klaus Mörsdorf: *Kanonisches Recht*, Band 2; Schöningh Verlag, Paderborn 1997; ISBN 3-506-70492-3; S. 202
[7] Catholic Encyclopedia – Ecclesiastical Abbreviations (http://www.newadvent.org/cathen/01022a.htm).
[8] Winfried Aymans, Klaus Mörsdorf: *Kanonisches Recht*, Band 2; Schöningh Verlag, Paderborn 1997; ISBN 3-506-70492-3; S. 203.
[9] Winfried Aymans, Klaus Mörsdorf: *Kanonisches Recht*, Band 2; Schöningh Verlag, Paderborn 1997; ISBN 3-506-70492-3; S. 205.
[10] Winfried Aymans, Klaus Mörsdorf: *Kanonisches Recht*, Band 2; Schöningh Verlag, Paderborn 1997; ISBN 3-506-70492-3; S. 206.
[11] Winfried Aymans, Klaus Mörsdorf: *Kanonisches Recht*, Band 2; Schöningh Verlag, Paderborn 1997; ISBN 3-506-70492-3; S. 207.
[12] Winfried Aymans, Klaus Mörsdorf: *Kanonisches Recht*, Band 2; Schöningh Verlag, Paderborn 1997; ISBN 3-506-70492-3; S. 208.
[13] Winfried Aymans, Klaus Mörsdorf: *Kanonisches Recht*, Band 2; Schöningh Verlag, Paderborn 1997; ISBN 3-506-70492-3; S. 209.
[14] Apostolische Konstitution *Universi Dominici Gregis* (http://www.vatican.va/holy_father/john_paul_ii/apost_constitutions/documents/hf_jp-ii_apc_22021996_universi-dominici-gregis_ge.html). In: *Vatican.va*, Kapitel I.
[15] Winfried Aymans, Klaus Mörsdorf: *Kanonisches Recht*, Band 2; Schöningh Verlag, Paderborn 1997; ISBN 3-506-70492-3; S. 214.
[16] Winfried Aymans, Klaus Mörsdorf: *Kanonisches Recht*, Band 2; Schöningh Verlag, Paderborn 1997; ISBN 3-506-70492-3; S. 215.
[17] Haltung der EKD (http://www.ekd.de/vortraege/kock/6213.html). In: *EKD.de.*
[18] http://www.ikvu.de/papst/
[19] http://www.requiem-projekt.de/
[20] http://www.dmoz.org/World/Deutsch/Gesellschaft/Religion_und_Spiritualität/Christentum/Glaubensrichtungen/Katholische/Personen/Päpste/
[21] http://www.theologie-systematisch.de/ekklesiologie/12staende.htm
[22] http://www.bogoslov.ru/de/text/1251083.html

Normdaten (Sachbegriff): GND: 4044561-6 (http://d-nb.info/gnd/4044561-6)

Philippinen

Republika ng Pilipinas (filipino)
Republic of the Philippines (englisch)
Republik der Philippinen

Flagge

Wappen

Wahlspruch:
Maka-Diyos, Maka-Tao, Makakalikasan at Makabansa
(„Für Gott, die Menschen, die Natur und das Land")

Amtssprache	Filipino (National-/Amtssprache), Englisch (Amtssprache)
Hauptstadt	Manila
Staatsform	Präsidialrepublik
Staatsoberhaupt und **Regierungschef**	Präsident Benigno Aquino III.
Fläche	299.764[1] km²
Einwohnerzahl	92.337.852[2] (Zensus: 1. Mai 2010)
Bevölkerungsdichte	308,04 Einwohner pro km²
Bevölkerungsentwicklung	▲ +1,69 % (2011)[3] pro Jahr
Bruttoinlandsprodukt • Total (nominal) • Total (PPP) • BIP/Einw. (nominal) • BIP/Einw. (PPP)	2011[4] • $ 213,1 Milliarden (47.) • $ 390,4 Milliarden (32.) • $ 2.223 (124.) • $ 4.073 (125.)
Human Development Index	▲ 0,644 (112.)[5]
Währung	1 philippinischer Peso (₱) = 100 Sentimos
Unabhängigkeit	von Spanien am 12. Juni 1898 *(inoffiziell)*, von den Vereinigten Staaten am 4. Juli 1946 *(offiziell)*
Nationalhymne	*Lupang Hinirang* („Auserwähltes Land")
Nationalfeiertag	12. Juni
Zeitzone	UTC +8

Kfz-Kennzeichen	RP
Internet-TLD	.ph
Telefonvorwahl	+63

Die **Philippinen** (amtlich *Republik der Philippinen*, filipino *Republika ng Pilipinas*, englisch *Republic of the Philippines*) sind ein Staat und Archipel im westlichen Pazifischen Ozean und gehören zu Südostasien.

Ihren Namen erhielten sie von dem Entdecker Ruy López de Villalobos, der die Inseln zu Ehren des spanischen Infanten Philipp *Las Islas Filipinas* nannte.

Der Archipel, der sich vom 5 bis 21 Grad nördlicher Breite und von 117 bis 125 Grad östlicher Länge erstreckt, bildet den fünftgrößten Inselstaat der Welt nach Indonesien, Madagaskar, Papua-Neuguinea und Japan.

Geographie

Vulkan Pinatubo

Das Südchinesische Meer trennt die Inselgruppe im Westen von Vietnam, die Sulusee im Südwesten von Malaysia, die Celebessee im Süden von Indonesien. Im Osten erstreckt sich die Philippinensee.

Die Philippinen bestehen aus insgesamt 7107 Inseln, von denen 3144 mit einem Namen benannt und etwa 880 bewohnt sind. Lediglich elf dieser Inseln haben eine Fläche von mehr als 2500 km²; die größten sind Luzon, Mindanao, Samar, Negros, Mindoro, Panay und Palawan; nur etwa 1000 sind zudem größer als 1 km². Auf den Inseln fließen insgesamt 421 größere Flüsse und liegen 79 natürliche Seen. Die Küstenlinie der Philippinen hat eine Länge von 36.289 Kilometer.[6]

Der Archipel wird allgemein in drei Großregionen unterteilt:

- die Inselgruppe Luzon im Norden, die maßgeblich aus den Inseln Luzon, Masbate sowie Mindoro besteht
- die Inselgruppe der Visayas in der Mitte, die unter anderem die Inseln Palawan, Negros, Cebu, Leyte, Samar und Bohol umfasst
- die Inselgruppe Mindanao im Süden, die sich unter anderem aus der Insel Mindanao, der Insel Basilan sowie dem Sulu-Archipel mit der Insel Jolo zusammensetzt.

Pfahlbauten im Meer

Im Kern sind die Inseln die Spitzen von über den Meeresspiegel aufragenden submarinen Gebirgsketten, an der Grenze zweier Kontinentalplatten, der Philippinischen und der Eurasischen. Großräumig gesehen sind die Philippinen Teil des Pazifischen Feuerrings mit Erdbeben und Vulkanismus als häufigen Begleiterscheinungen dieser Lage an der Plattengrenze. Es existieren derzeit etwa 20 aktive Vulkane, von denen der Pinatubo und der Mayon – beide auf Luzon gelegen – in den letzten Jahren besondere Aktivität zeigten. Die höchste Erhebung der Philippinen ist der Berg Apo. Östlich der Inselgruppe verläuft der Philippinengraben, mit einer Tiefe von bis zu 10.540 m einer der tiefsten Tiefseegräben der Erde. Als Folge von Seebeben können riesige Flutwellen, die Tsunamis, an den Außenriffen der Philippinen entstehen.

Zwischen den Inseln befindet sich eine Vielzahl von Binnenmeeren und Golfen, die durch Meerstraßen verbunden sind. Die wichtigsten Binnenmeere sind Sibuyan-See, Samar-See, Visayas-See, Mindanaosee und Camotes-See.

Klima

Das Klima der Philippinen wird vor allem durch die Nähe zum Meer geprägt, denn kein Ort ist weiter als 200 km von der Küste entfernt. Das Klima der Philippinen lässt sich als zumeist tropisch und in den höheren Lagen der Gebirge als subtropisch bezeichnen. Am Berg Pulag fällt in den kalten Jahreszeiten gelegentlich sogar Schnee. Die durchschnittliche Jahrestemperatur auf den Philippinen wird mit 26.5 °C angegeben. Die Effektive Klimaklassifikation der Philippinen wird in dem von Wladimir Peter Köppen entwickelten System, als Tropische Klimate charakterisiert. Die jährlichen Niederschlagsmengen fallen sehr unterschiedlich aus. Die niedrigsten Niederschlagsmengen fallen in der Region um General Santos mit 965 mm und höchsten in der Region um Infanta mit 4.064 mm und in den zentralen und östlichen Teilen der Insel Luzon.[7] Um die regionalen Klimata zu bestimmen wurde 1921 die Corona-Klassifikation eingeführt. Diese umfasst vier unterschiedliche regionale Klimatypen.

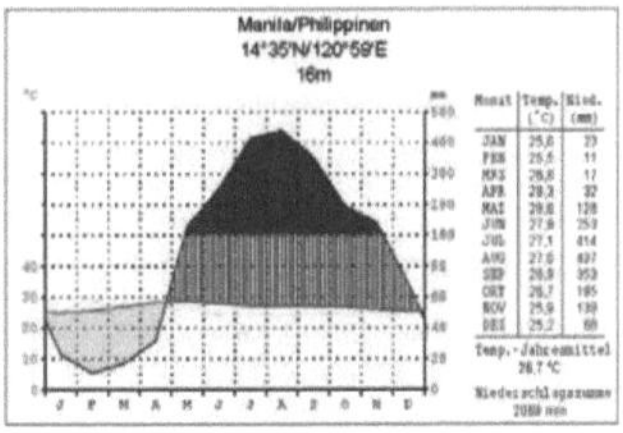

Klimadiagramm Manila

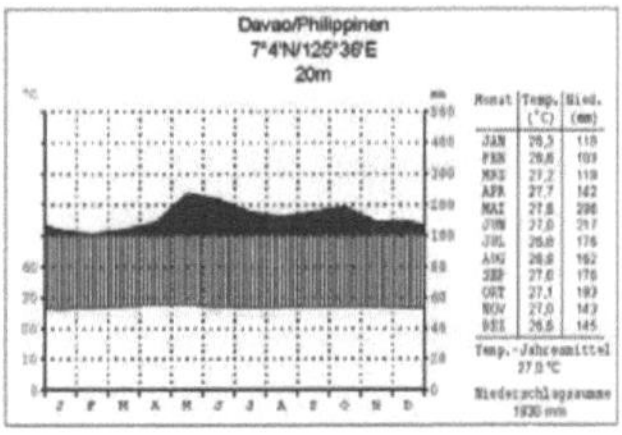

Klimadiagramm Davao

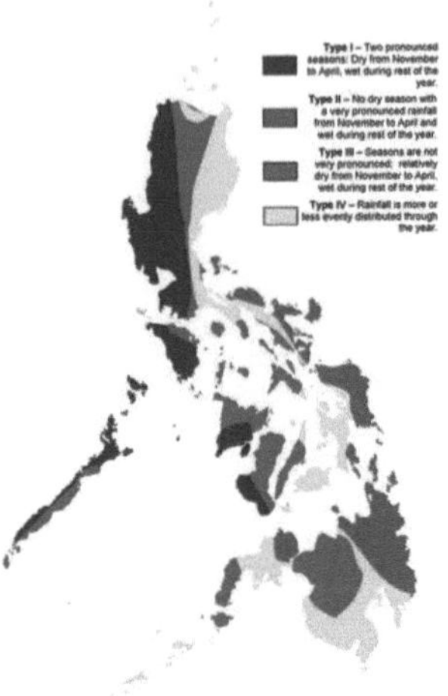

Klimakarte der Philippinen

Typ I erlaubt die Unterscheidung in eine Regen- und eine Trockenzeit. Die Regenzeit wird hierbei von Mai bis November festgelegt, wobei die stärksten Niederschläge von Juni bis September fallen. Dieses umfasst die Regionen Ilocos-Region, den westlichen Teil der Mountain-Provinz, westlichen Teil der Region Central Luzon und CALABARZON, Metro Manila, Occidental Mindoro, die südlichen Gebiete der Inseln Panay und Negros und den Nordwesten der Insel Palawan.

Im Klimatyp Typ II gibt es keine Trennung von Trocken- und Regenzeit, Niederschläge fallen das gesamte Jahr, wobei die Hauptniederschlagsperiode von Dezember bis Februar und die geringsten Niederschläge von März bis Mai. Dieses umfasst die Regionen Cagayan Valley, südwestlichen Teil der Region CALABARZON, den Polillo-Archipel, Bicol Region, den Nordosten der Insel Samar, das südliche Leyte, Teile der Region Caraga und den Nordosten der Zamboanga Halbinsel.

Im Klimatyp Typ III gibt es keine Trennung von Trocken- und Regenzeit, Niederschläge fallen das gesamte Jahr, wobei es keine Hauptniederschlagsperiode gibt, jedoch eine niedrige Niederschlagsintensität von Dezember bis März oder von März bis Mai gibt. Dieses umfasst die Regionen des nördöstlichen Luzons, Teile der Region Cagayan Valley, die Provinz Bulacan, die östlichen Teile der Region CALABARZON, Oriental Mindoro, Romblon, Marinduque, den Norden und Nordosten der Insel Panay, Negros Occidental, Siquijor, Zamboanga del Sur, die zentralen und südlichen Teile der Insel Mindanao und des Sulu-Archipels.

Im Klimatyp Typ IV gibt es keine Trennung von Trocken- und Regenzeit, Niederschläge fallen das gesamte Jahr, wobei sich die Niederschläge gleichmäßig über das Jahr verteilen.[8] [9] [10]

Taifune und tropische Stürme treten in den Philippinen das gesamte Jahr auf, wobei es hier eine klare Zweiteilung des Landes erkennbar ist. Der nördliche und östliche Teil der Inselgruppe wird in den Monaten Juli bis September regelmäßig von zum Teil heftigen Taifunen heimgesucht, die Windstärken von über 250 km/h erreichen können. Der Rest der Inselgruppe wird über das Jahr von zum Teil heftigen tropischen Stürmen heimgesucht, die zum Teil große Regenmengen über den Landmassen niedergehen lassen.[11]

Klimawandel

Die Philippinen gehören zu den Ländern, die am stärksten von den Auswirkungen des anthropogenen Klimawandels betroffen sein werden. Durchschnittlich wird die Inselgruppe jedes Jahr von ca. zwanzig Taifunen heimgesucht, von diesen überqueren ca. neun die Inselgruppe direkt.[12] Zwischen 1945 und 2000 wurden die Philippinen von 349 Taifunen überquert.

Laut Angaben der United Nations University Institute for Environment and Human Security standen die Philippinen 2011 auf Platz drei auf der Gefahrenskala für die Wahrscheinlichkeit von Naturkatastrophen, weltweit. Das Land steht an Platz zehn für die Wahrscheinlichkeit von der vom Klimawandel ausgehenden Bedrohungen für die Biodiversität und der Bevölkerung, wiederum weltweit und es steht auf Platz fünf der Länder die am stärksten vom Meeresspiegelanstieg betroffen sein werden.[13]

Tier- und Pflanzenwelt

Philippinischer Koboldmaki

Vor 175.000 Jahren, im Mittleren Pleistozän, war der Meeresspiegel so niedrig, dass eine oder mehrere durchgehende Landbrücken in die umliegenden Regionen Asien bestanden, die insbesondere von Tieren intensiv genutzt wurden, aber auch vom Homo erectus und seit ca. 70.000 Jahren vom modernen Menschen. Nach Wiederanstieg des Meeresspiegels wurden viele Lebewesen von den übrigen Arten isoliert, so dass sich die vielfältige Tier und Pflanzenwelt entwickeln konnte. Biogeographisch gehören die Philippinen jedoch zum Malaiischen Archipel, da die bekannte Wallace-Linie südlich des Archipels verläuft. Die früher gebräuchliche Bezeichnung Huxley-Linie, die von Nord-Luzon ausgehend im Süden im Bereich zwischen Borneo und Sulawesi an die bekanntere Wallace-Linie anschließt trennte die Insel Palawan von den übrigen Archipel, was doch die Verteilung unterschiedlichen Tierarten nicht restlos erklärte. Heute wird Microbiogeographisch von dem Palawan–Busuanga–Mindoro Archipel und dem nördlichen Luzon, Visayas–Mindanao, Halmahera, Molukken und Sulawesi Archipel unterschieden, so das die Philippinen zusammenfassend zur Indo–Malaiisch–Philippinen Biogeosphärenzone gezählt werden.[14]

Land

Die philippinische Tierwelt ist der indonesischen sehr ähnlich. Auf den Philippinen existieren insgesamt über 5000 verschiedene Tier- und unzählige Insektenarten sowie 14.000 verschiedene Pflanzen. Darunter sind das Tamarau, Carabao, Papageien, Flughörnchen, Delfine, Krokodile, Schlangen, Koboldmakis, Schildkröten, Echsen und andere.

Binturong oder Marderbär

Auf den Philippinen lebt eine Vielzahl endemischer Tiere, darunter allein auf Palawan das Palawan-Schuppentier *Manis (Paramanis) culionensis*, der Rotsteißkakadu (*Cacatua haematuropygia*), die hauskatzengroße Bengalkatze (*Priohailurus bengalensis*), der Palawan-Pfaufasan, die Palawan-Ratte und das Palawan-Bartschwein. Nur auf den Philippinen verbreitet ist die Philippinenente, eine Art aus der Stockenten-Gruppe.[15] Weitere Tiere sind das Philippinen-Spitzhörnchen, der Philippinenadler und die Philippinen-Schwarzstrichtaube.

Meer

Im küstennahen Meer findet man auch heute viele Korallenriffe mit einer weltweit einzigartigen Biodiversität an Fischen, Krustentieren und Weichtieren. 2010 waren jedoch viele Korallenriffe stark von der Korallenbleiche betroffen.[16] Es waren laut dem DENR nur 4% der philippinischen Korallenriffe nicht betroffen von der Korallenbleiche.[17] An den weltweit bekannten Korallenriffen, wie dem Tubbataha, Apo-Riff und im Cagayan-Archipel – und auch an anderen Orten, haben in der Vergangenheit die Cyanid- und Dynamitfischerei große Schäden angerichtet. Die meisten Korallenriffe der Philippinen sind jedoch touristisch nicht erschlossen worden. Die größte Artenvielfalt der Meeresfauna und -flora finden sich in der Isla Verde Passage, diese gilt als das Center of the Center der Biodiversität in den Meeren und Wasserstraßen der Philippinen.

Umweltschutz

Die Philippinen sind eines der artenreichsten Ökosysteme der Welt und gehören zu den 17 artenreichsten Regionen der Erde, und sie werden als Megadiversityland bezeichnet. Doch das schnelle Bevölkerungswachstum und der damit verbundene Siedlungsdruck führen zum Raubbau an den natürlichen Ressourcen. Der Zustand der philippinischen Umwelt hat sich so sehr verschlechtert, dass die Regierung darauf mit anspruchsvollen Umweltgesetzen reagierte. Von diesen ist das Republik-Gesetz 7586, auch bekannt unter dem Namen National Integrated Protected Area System (NIPAS), das anspruchsvollste bei der Durchsetzung.[18] Insgesamt wurden ca. 35.000 km² der Fläche der Philippinen als Naturschutzgebiete gemäß der Richtlinien des NIPAS-Gesetzes ausgewiesen. Von diesen sind ca. 21.300 km² terrestrische und ca. 12.700 km² marine Schutzzonen.[19]

Die Schutzzonen umfassen folgende Klassifikationen:

- Strict nature reserve (National park),
- Natural park,
- Natural monument,
- Wildlife sanctuary,
- Protected landscapes and seascapes,
- Resource reserve,
- Natural biotic areas.

Weitere Schutzzonen sind:

- Protected areas,
- Buffer zones,
- Indigenous cultural community areas.[20]

Die Umweltgesetze der Philippinen sollen den Regenwald ebenso schützen wie das Meer mit seinen Korallenriffen, die Bestände an Fisch, die endemischen Tierarten sowie die zur Eigenversorgung notwendigen Flächen der örtlichen Bevölkerung. So wurden in den letzten Jahren, aufgrund des Bevölkerungsdruckes, die Klassifikation von 37 Nationalparks in Protected Landscapes und Natural Parks umgewandelt, so dass es oftmals eine Vielzahl von Bezeichnungen für die Naturschutzgebiete in der Literatur gibt. Auch soll u. a. durch den Ausbau des öffentlichen Nahverkehrs die Luft in den Städten sauberer werden. Des Weiteren soll die Klärung der Abwässer gefördert werden, dafür wird jedes Jahr ein Preis für den saubersten Fluss der Philippinen vergeben. Bei der Abfallentsorgung stehen die Philippinen noch immer vor gewaltigen Problemen, da sich die Mehrzahl der Bevölkerung eine geregelte Abfallentsorgung nicht leisten kann. Trotz aller Probleme gehören die Philippinen zu den wenigen Ländern der Erde, die ihre Kohlendioxid-Emissionen signifikant senken konnten.[21]

Bevölkerung

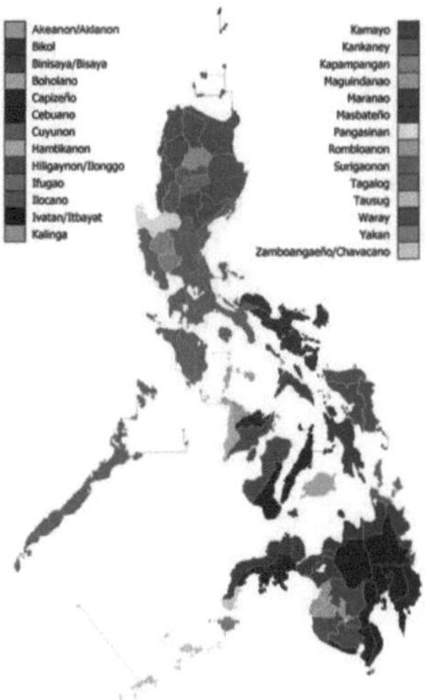

Ethnische Gruppen auf den Philippinen nach dem Zensus von 2000[22]

Die Bezeichnung für die Einwohner ist *Philippiner* bzw. *Philippinerin*, Eigenbezeichnung *Filipino* oder *Filipina* (span.) und *Pinoy* oder *Pinay* (Tagalog, Umgangssprache). Die Gesamtbevölkerung liegt laut Zählung aus dem Jahr 2010 bei 92.337.852 Einwohnern.[2]

Volksgruppen

Sie setzt sich in der Mehrheit (95 %) aus ethnischen Gruppen zusammen, die Austronesische Sprachen sprechen, in sukzessiven Wellen aus Taiwan eingewandert sind und sich mit späteren Einwanderern aus Südchina vermischten. Sie können in drei große Gruppierungen unterteilt werden:

- Christen, die durch die spanische Kolonialherrschaft geprägt wurden. Sie bilden mehr als 90 % der philippinischen Bevölkerung.
- Moslems, die erst in der amerikanischen Kolonialzeit unterworfen wurden. Etwa 5 % der philippinischen Bevölkerung gehören dazu.
- Stämme, die kaum vom Islam und den Spaniern beeinflusst wurden.

Ethnisch gemischte Bevölkerungsgruppen machen weitere 1 % der Bevölkerung aus und spielen aufgrund der Kolonialgeschichte weiterhin eine wirtschaftlich wichtige Rolle auf den Philippinen, obwohl die Chinesen ihnen zunehmend Konkurrenz bereiten. Neben malaiisch-spanischen (diese leben vorwiegend im Süden Mindanaos und sprechen eine spanische Kreolsprache, nämlich Chavacano), gibt es auch etwa 300.000 chinesische und rund 20.000 japanisch-malaiische Filipinos. Offiziell leben nur noch 17.000 spanischstämmige Philippinos im Lande.

Tieflandvölker

Die Idee einer philippinischen Identität entstand zuerst bei den christlichen Tieflandbewohnern, die unter spanischer Kolonialherrschaft standen und im Konflikt mit dieser ein Nationalbewusstsein als *Filipinos* entwickelten. Dabei wurden zunächst die Moslems und Hochlandbewohner nicht einbezogen. Noch heute gibt es Spannungen zwischen den in allen Bereichen dominierenden christlichen Tieflandbewohnern einerseits und den überwiegend muslimisch geprägten Hochlandbewohnern andererseits, die sich teilweise in bewaffneten Konflikten entladen.

Unter den christlichen Tieflandbewohnern bilden die Tagalen, welche auf der Insel Luzon leben, die zahlenmäßig größte Gruppe. Sie machen 28,1 % der Bevölkerung aus und ihre Sprache, das Tagalog, bildet die Grundlage für das Filipino, der Amtssprache der Philippinen.

Weitere Gruppen sind die Cebuanos und Sugboanons (13,1 %), die Ilokanos (9 %), die Bisayas/Binisayas (7,6 %), Hiligaynons oder Ilonggos (7,5 %), die Bikolanos (6 %), die Waray (3,4 %), die Pangasináns, die Kapampangans, die Waraynons, die Masbatenyos, die Ibanag und die Butuanons.

Die Maranao, Maguindanao, Samal, Yakan, Badjo, Tausug und die Jama Mapun zählen zu den muslimischen Tieflandbewohnern, die vorwiegend im Süden und Westen Mindanaos und auf dem Sulu-Archipel leben.

Traditionelle Stämme

Diese Stämme leben in unzugänglichen Hochländern, aber auch in abgelegenen Tieflandgebieten und auf entlegenen Inseln. Sie wurden nicht oder nur wenig von Spaniern oder Moslems beeinflusst. Folgende Gruppierungen können unterschieden werden – insgesamt gibt es mehr als 100 Stämme:

Ifugao-Musiker auf Luzon (2004)

- Auf Luzon leben die Apayao, Tingguian, Kalinga, Bontok, Kankanai, Ifugao, Ibaloy und die I-wak, die auch zusammenfassend Igorot genannt werden. Sie leben in Nordluzon an den Hängen der 2.022 bis 2.702 Meter hohen Berge und erbauten die legendären Reisterrassen.
- Die Ilongot leben ebenfalls auf Luzon.
- Auf Mindoro leben die Mangyan in sieben Stämmen, Iraya, Alangan, Batangan, Tadyawan, Buhid, Hanunoo und Ratagnon, hauptsächlich im Landesinneren der Insel.
- Auf Palawan leben die Stämme der Palawanvölker: die Kagayanen in der Gemeinde Cagayancillo, die Molbog auf Balabak und anderen Inseln vor Palawan, die Tagbanuwa, die Batak und die Tau't Batu. Dabei wird für all diese Stämme auch zusammenfassend die Bezeichnung "die Palawan" verwendet. Ihre Siedlungsgebiete werden durch Straßenbau und eine Vielzahl von Minenprojekten bedroht.[23]
- In Mindanao leben die Mamanwa, Manobo, Manobo Bilit, Manobo Tasaday, Mandaya, Mansaka, Kalagan, T'boli und die Subanu. Sie werden zusammenfassend auch Lumad genannt.
- Die Badjao auf dem Sulu-Archipel, von denen viele in den letzten 50 Jahren nach Malaysia gewandert sind. Sie werden gerne mit den indonesischen Badjo verwechselt, da beide Gruppen als Seenomaden leben.
- Die Tumandok auf Panay.

Bis auf die Bergstämme in Luzon, die von den Amerikanern christianisiert wurden, sind die diese Stämme weiterhin animistisch. Durch den Einfluss der Zivilisation und der Mehrheitsgesellschaft ist ihre kulturelle Identität akut bedroht.

Die Aeta (auf Luzon), Mamanwa (auf Leyte und Mindanao in Surigao del Norte), Ati (auf Panay) und andere negritischen Ureinwohner der Philippinen sind genetisch mit den Bewohnern der Andamanen verwandt. Von ihnen gibt es nur noch etwa 30.000. Sie leben in größeren Gemeinschaften auf verschiedenen Inseln, u.a. Luzon, Panay und Negros.

Chinesen

Daneben besteht das Volk zu 1,5 % aus Chinesen, die seit dem 9. Jahrhundert auf den Philippinen eine wirtschaftliche Rolle gespielt haben. Heute haben zirka 10 % aller Filipinos in irgendeiner Form chinesische Vorfahren. Sie sind im Gegensatz zu den Chinesen in Indonesien und Malaysia stärker in die philippinische Gesellschaft integriert.

Daoistischer Tempel in Cebu City

Sprachen

Laut Ethnologue werden auf den Philippinen 171 Sprachen gesprochen; praktisch jede Region hat ihre eigene Sprache oder Dialekt. Die meisten Sprachen auf den Philippinen sind Malayo-Polynesische Sprachen, die einen Zweig der Austronesischen Sprachen darstellen.

Philippinische Sprachen

Filipino (früher Pilipino), das auf dem Tagalog basiert, ist die Amtssprache der Philippinen. Tagalog wird vorwiegend auf der Insel Luzon gesprochen. Nur etwa 25 % der Filipinos sprechen Tagalog, aber Filipino wird von etwa 80 % gesprochen und verstanden. Tagalog wird im allgemeinen Sprachgebrauch, in TV-Stationen (sogar Nachrichten), Zeitungen und bei Radiosendern verwendet, aber auch in offiziellen Ansprachen ein Tagalog-Englisch-Gemisch benutzt. Teilweise werden auch spanische Wörter verwendet.

Weitere elf Sprachen werden von mindestens einer Million Menschen gesprochen: Cebuano, Iloko, Hiligaynon oder Ilonggo, Bikol, Waray-Waray, Kapampangan, Pangasinan, Kinaray-a, Maranao, Maguindanao und Tausug. Diese zwölf Sprachen werden von mehr als 90 % der Bevölkerung gesprochen.

Cebuano, nach Tagalog die wichtigste philippinische Regionalsprache, wird von 15 % der Bevölkerung vorwiegend im Süden – in Zentral-Visaya sowie im Norden und Westen Mindanaos – gesprochen. Gemeinsam mit Hiligaynon, Waray-Waray (mit 9 % Sprachanteil) und anderen zählt Cebuano zu den Visayassprachen. Eine weitere wichtige Regionalsprache ist Iloko (12 %).

Spanisch

Spanisch war bis 1973 eine Amtssprache der Philippinen und wurde zeitweise auch von etwa 10 % der Bevölkerung gesprochen. Die meisten Spanischsprechenden waren Mestizen oder kamen aus der Oberschicht. An Universitäten wurde meist auf Spanisch unterrichtet, und auch viele Zeitungen erschienen in dieser Sprache.

1901 wurden die Philippinen eine amerikanische Kolonie. Die Amerikaner führten Englisch als erste Amtssprache ein. So verlor Spanisch immer mehr an Bedeutung, auch der Unterricht fand bald nicht mehr auf Spanisch statt.

Chavacano ist eine spanischbasierte Kreolsprache mit etwa 500.000 Sprechern in Zamboanga, Cavite und Ternate.

Englisch

Englisch kam erstmals 1898 auf die Inseln. Durch amerikanischen Einfluss ist Englisch neben dem Filipino heute die zweite Amtssprache und wird von etwa 125.000 Menschen (meist Amerikanern) als Muttersprache gesprochen. Für mehr als 50 % der Filipinos ist Englisch eine wichtige Zweitsprache.

Das Englische ist in Schulen ab der 3. Klasse und in Hochschulen die Unterrichtssprache und ist die Arbeitssprache in der Geschäftswelt.

Chinesisch

Die chinesische Minderheit auf den Philippinen stammt zu 90 % aus der Provinz Fujian und spricht damit Fukienesisch (Min Nan), wobei auch Hochchinesisch, Taiwanisch und Kantonesisch gesprochen werden. Aufgrund der Philippinisierungspolitik von Diktator Ferdinand Marcos, die die Nutzung des Hochchinesischen in chinesischen Schulen verbot, spricht die jüngere Generation vermehrt Tagalog untereinander.

Religion

Religionszugehörigkeit laut der Volkszählung im Jahr 2000:[24] Katholiken 81,04 %, Muslime 5,06 %, Evangelisch 2,82 %, Iglesia ni Cristo 2,31 %, Unabhängige Philippinische Kirche (Iglesia Filipina Independente/Aglipayan) 1,98 %, Siebenten-Tags-Adventisten 0,80 %, United Church of Christ in the Philippines 0,55 %, Zeugen Jehovas 0,50 %.

Zu den kleineren Religionen, die nicht mehr eigens im Ergebnis der Volkszählung angeführt wurden, zählen Mormonen (laut Eigenangaben – die bei den Mormonen über der Volkszählung liegen – 0,6 %). Dazu kommen Animisten (besonders bei den indigenen Stämmen), Buddhisten (meist Chinesen, wenige Filipinos) und Hindus (Inder).

Anders als Malaysia und der Westen Indonesiens wurden die Philippinen kaum vom Buddhismus oder Hinduismus geprägt. Es gab allerdings Handelsbeziehungen zu den Großreichen Sri Vijaya und Majapahit sowie einen regen Handel mit China. Die alte Baybayin-Schrift ähnelt der Kawi-Schrift aus Indonesien, die wiederum indische Vorbilder hatte.

Römisch-Katholische Kirche

Kirche auf Bohol

Die Mehrzahl der Filipinos (81 %, andere Schätzungen 83 %) sind Katholiken. Das Land ist das größte christlich geprägte Land in Südostasien. Die Katholische Kirche entstand auf den Philippinen mit der Ankunft der Spanier 1521 und der Konvertierung von 800 Einheimischen auf Cebu, wo am 31. März 1521 die erste Messe auf philippinischem Boden zelebriert wurde. Doch erst Ende des 16. Jahrhunderts beschlossen die Spanier das ganze Land zu christianisieren, um den – aus dem Süden vordringenden – Islam im Land zu schwächen. Bis dahin konvertierten nur wenige Filipinos zum Katholizismus. Seit 1590 kamen spanische und mexikanische Missionare des Jesuitenordens und andere katholische Orden auf die Insel mit der Aufgabe der Zwangsbekehrung der Einheimischen zum Katholizismus. Gottesdienste wurden meist in den jeweiligen Sprachen des Landes abgehalten, so sollte die Christianisierung erleichtert werden. Bis Mitte des 17. Jahrhunderts waren die Philippinen – mit Ausnahme des Südens und einiger Bergregionen – christianisiert.

Die katholische Kirche auf den Philippinen hat heute, insbesondere in ländlichen Gebieten, einen großen Einfluss auf die Politik und die philippinische Gesellschaft.

Derzeit wird auf den Philippinen die *größte Marienstatue der Welt* errichtet. Die Marienstatue von Montemaria wird 102 Meter hoch sein, höher als die Freiheitsstatue in New York (96 Meter) und die Jesus-Statue in Rio de Janeiro (100 Meter). Die Statue wird von den Passagieren der täglich ungefähr 200 passierenden Schiffe am Schifffahrtsweg „Verde Strait" gesehen werden können.[25]

Islam

Der Islam erreichte die südlichen Philippinen erstmals Ende des 14. Jahrhunderts und breitete sich bis zum 16. Jahrhundert auf den ganzen Philippinen aus. Heute ist er jedoch nur noch in Mindanao und den Inseln in der Sulusee verbreitet. Etwa 4 Millionen Filipinos sind Muslime.

Moschee auf Basilan

Bis in die 1970er-Jahre spielte der Islam auf den Philippinen kaum eine Rolle. 1968 praktizierten nur knapp 20 % der philippinischen Muslime den Islam. Seitdem erfuhr er jedoch einen Aufschwung. Viele philippinische Muslime wie auch ihre malaysischen und indonesischen Nachbarn wurden konservativer und nahmen die islamischen Regeln ernster. Viele muslimische Filipinos fühlten sich zudem eher Malaysia zugehörig als den überwiegend katholischen Philippinen. Zahlreiche Muslime wanderten nach Malaysia aus.

Einheimische Religionen

Die ursprünglichen Religionen werden noch in vielen indigenen Stämmen gepflegt. Häufig haben sich auch alte Glaubensvorstellungen mit Christentum und Islam verschmolzen (Synkretismus). Volksglaube, Animismus und Schamanismus werden auch durch Personen vertreten wie dem *Albularyo* (auch Hilot, Manghihilot oder Manggagamot), einem Heiler oder Medizinmann, oder dem *Babaylan* (auch Mammalian), einem religiösen Führer.

Geschichte

Vorkoloniale Zeit

Die archäologischen Ausgrabungsstätten im Cagayan Valley, die im Norden der Insel Luzon liegen, widerlegten die frühere Annahme, dass die Philippinen ein weitestgehend isolierter Inselarchipel war. Die ältesten menschlichen Artefakte konnten auf ein Alter von 1,7 Mio. bis 900tsd. Jahren datiert werden und stammen vom Homo erectus. Die ältesten Fossilien des Homo sapiens sapiens wurden auf ein Alter von ca. 67.000 Jahre datiert. Eine weitere bedeutende Ausgrabungsstätte liegt in Central Luzon, sie wird Arubo genannt. Bei den Ausgrabungen konnten Faustkeile aus der Jungsteinzeit geborgen werden, diese wurden in das Zeitalter des Acheuléen datiert.[26]

Seit prähistorischer Zeit bewohnen Negritos, genauer gesagt die Volksgruppe der Aeta, als ursprünglichste Bevölkerung die Philippinen. In der Zeit von 3.000 bis 2.500 v. Chr. wanderten austronesische Stämme von Taiwan her kommend südwärts ins Land und verteilten sich von dort aus weiter Richtung Süden. Diese Siedler schufen die ersten künstlerischen Darstellungen auf dem Gebiet der Philippinen. Diese sind als Petroglyphen von Angono bekannt geworden.[27]

Vom 7. bis zum 13. Jahrhundert kamen Teile der Philippinen unter den Einfluss von Sri Vijaya und später von Majapahit. Bis heute sind Wörter aus dem Sanskrit in den philippinischen Sprachen erhalten. 1917 wurde in Mindanao eine indisch-malaiische Goldstatue aus der Majapahit-Zeit gefunden. Ein noch wichtigerer Beleg für die kulturelle Verbindung zum malaiischen Kulturraum stellt die *Laguna-Kupferplatte* dar, die aus dem 9. Jahrhundert stammt und in einer Mischung aus Sanskrit, Altjavanisch, Altmalaiisch und altem Tagalog geschrieben wurde, in einer Schrift, die der javanischen Kawi-Schrift ähnelt. Südchinesische Händler hatten auf die Region ebenfalls einen großen Einfluss, was sich an zahlreichen Porzellanfunden aus der Zeit der chinesischen Song-Dynastie zeigt. Sie gründeten bereits im 9. Jahrhundert Tondo als Handelsniederlassung. Tondo wurde ab 1279 die Hauptstadt des Luzon-Reiches, das bis 1571 bestehen sollte. Andere weitreichende und langanhaltende Handelskontakte offenbarten die archäologische Ausgrabungsstätte Butuan im nördlichen Mindanao. Die philippinischen Kaufleute nutzten den Bootstyp des Balangay auf ihren Handelsrouten, mit dem sie Malakka, Borneo, Ternate und Myanmar erreichen konnten.[28] Ein anderer Schiffstyp war die Dschunke, von der eines vor der Insel Busuanga entdeckt und als Lena

Shoal Dschunke bezeichnet wurde. Es wird heute angenommen, dass Tondo ein bedeutendes Zentrum für den Dschunkenhandel des Mittelalters und ein Drehkreuz für den Handel mit China darstellte.[29]

Wahrscheinlich kam in dieser Zeit der Buddhismus zusammen mit chinesischen Händlern auf die Philippinen und vermischte sich mit lokalen Traditionen. Auch ließen sich durch die Ausgrabungen in Butuan Handelskontakte mit Persien bereits im 9. Jahrhundert nachweisen.

Der Islam kam bereits Ende des 13., Anfang des 14. Jahrhunderts über Handelskontakte, die von arabischen Händlern gepflegt wurden, auf die südlichen Philippinen. Zusammen mit den Handelskontakten kamen auch malaiische muslimische Einwanderer auf den südlichen Inselarchipel. Die muslimischen Einwanderer brachten neben ihrer Kultur, Religion und Bildungswesen, auch das politische Herrschaftssystem aus dem malaiischen Raum mit auf die südlichen Philippinen. Um 1390 erreichte Raja Baginda den Sulu-Archipel; er war einer der ersten, die nachweislich missionarisch tätig wurden. Er stammte aus dem Adel der Minangkabau und soll ein Nachfahre des Propheten Mohammed gewesen sein. Ein anderer bedeutender Missionar des 15. Jahrhunderts war Serif Kabungsuan. Er stammte aus der Region Johor und war vor allem auf der Insel Mindanao tätig. In der Folge der verstärkten Einwanderung und Missionierung entstanden verschiedene Sultanate, deren Herrscher sich als Rajahs bezeichneten. Die bedeutendste Gründung eines Sultanats war die des Sultanats von Sulu mit einer Hauptstadt auf der Insel Jolo. Es entstand um 1450 durch die Krönung von Abu Bakr, der der Überlieferung nach die Tochter des Raja Baginda heiratete. Abu Bakr selber stammte aus Palembang auf der Insel Sumatra[30] [31] . Zusammen mit anderen Einwanderungswellen ab Mitte des 15. Jahrhunderts aus dem malaiischen Raum verbreitete sich der Islam bis in die Küstenregionen der Insel Luzon. Um 1530 wurde Maynilad (Manila) als Palisadenfestung an der Mündung des Flusses Pasig in die Manilabucht gegründet. Die Gründer von Manila, malaiische Rajas aus Brunei, wählten einen bislang unbesiedelten Ort, der bis zur spanischen Eroberung im Jahre 1571 auf 10.000 Einwohner wuchs.

Vorkoloniale Gesellschaft

Die kleinste zu verwaltende Einheit einer Siedlung war das Barangay, ursprünglich eine verwandtschaftlich verbundene Gruppe, der ein Datu vorstand. Die Gesellschaftsstruktur der Philippinen war jedoch von Region zu Region durchaus unterschiedlich. Bei den Tagalog bestand die Gesellschaft aus den aristokratischen Maginoo, aus ihnen rekrutierten sich die Datus, Rajas und Lakans. Ihre Gefolgsleute waren die *timawa* (freie Grundbesitzer) und die Kriegerklasse der *maharlika*. Diesen folgten die Abhängigen, die alipin. Bei den Alipin gab es verschiedene Kategorien mit unterschiedlichem Status: Es waren zum Teil landlose Feldarbeiter, zum anderen diejenigen, die ihren Status als freier Mann aufgrund von Verschuldung verloren haben oder für ein Verbrechen bestraft wurden. Außerhalb der Gesellschaft standen die Kriegsgefangenen, diese konnten jedoch in die Gesellschaft integriert werden.[32] [33] [34]

Spanische Kolonialzeit

Christianisierung

Intramuros

Als die Spanier 1565 die Philippinen als ihre Kolonie beanspruchten und es somit Neuspanien angliederten, war der Islam noch nicht tief verwurzelt, so dass es ihnen nicht schwerfiel, auch die muslimische Bevölkerung zum Christentum zu bekehren. Außerdem wurde die Christianisierung der Philippinen weitgehend friedlich durchgeführt, unter anderem wurden animistische Praktiken weitgehend geduldet, von denen einige bis heute überlebt haben. Der Buddhismus, der vermutlich neben dem Islam im 16. Jahrhundert die vorherrschende Religion auf den Philippinen war, wurde bald nur noch von der chinesischen Minderheit praktiziert.

Angesichts ihrer Niederlage gegen die Spanier im Jahre 1571 konvertierten die Rajahs von Manila, Rajah Sulayman, Rajah Lakandula und Rajah Matanda zum Katholizismus. Dafür durften sie einige Privilegien behalten und wurden ins koloniale Herrschaftssystem integriert. Durch die weitgehende Einbindung der einheimischen Häuptlinge in das koloniale Herrschaftssystem entstand die soziale Schicht der *principialia*, die als Mittelsmänner und Nutznießer des Kolonialsystems diese über Jahrhunderte festigten.

Der andere wichtige Machtfaktor in der philippinischen Kolonie waren spanische Mönche und Priester. Aufgrund ihrer Rolle in der Missionierung und in den späteren Gemeinden waren sie oft die einzigen Spanier, die eine einheimische Sprache konnten. Sie lebten im Gegensatz zu den Kolonialbeamten, die nur auf Zeit im Lande waren, mehrere Jahrzehnte im Land. Sie wurden als Vermittler unverzichtbar und somit sehr mächtig.

Im Süden der Philippinen war der Islam zum Zeitpunkt der Ankunft der Spanier bereits tiefer verwurzelt, so dass die dortigen Moslems, von den Spaniern Moros genannt, nicht das Christentum annahmen.

Koloniale Wirtschaft

In der frühen Kolonialzeit bildete der Galeonenhandel zwischen Manila und Acapulco die wichtigste Einnahmequelle für die Kolonie. Silber aus den Minen der neuen Welt wurde von Acapulco nach Manila verschifft und dort benutzt, um chinesische Waren wie Seide und Porzellan zu kaufen. Da bis zum 18. Jahrhundert nur die Portugiesen mit Macao das Recht hatten, die chinesische Küste direkt anzusteuern, war man auf chinesische Händler angewiesen, die sich in einem eigenen Viertel vor Manila ansiedelten, dem heutigen Binondo, wo sich auch heute die Chinatown von Manila befindet.

Im frühen 19. Jahrhundert änderte sich die wirtschaftliche und politische Situation. Mexiko wurde unabhängig, so dass die Philippinen nicht mehr zu Neuspanien gehörten, sondern zum ersten Mal direkt von Spanien aus verwaltet wurden. Der Galeonenhandel nach Acapulco war nicht mehr möglich und wurde 1815 eingestellt. Die Philippinen wurden nach und nach dem Welthandel geöffnet, so dass für Teile der einheimischen *principalia* sowie Mestizen sowohl spanischer als auch chinesischer Herkunft Wohlstand ermöglicht wurde, so dass einige ihren Kindern ein Studium, oftmals sogar in Europa, finanzieren konnten. Es entstand die Schicht der *ilustrados*, die durch neue, freiheitliche Ideen aus Europa beeinflusst wurden.

Reformen und Revolution

Die erste große Zäsur in der spanischen Kolonialherrschaft auf den Philippinen war die britische Invasion im Jahre 1762, die bis 1764 andauern sollte. In deren Folge entwickelten sich Aufstände in der Ilocos-Region und Pangasinan. Diego Silang führte einen Aufstand an und es gelang ihm 1763 die bedeutende Stadt Vigan einzunehmen. Er verbündete sich mit den Briten, doch hielten sich diese nicht an ihre Zusagen, so dass er am 28. Mai 1763 ermordet wurde. Seine Frau Gabriela führte den Aufstand fort, wurde jedoch im September verhaftet und hingerichtet. Im Jahr 1762 brach in der Provinz Pangasinán der Palaris-Aufstand aus, der zunächst ebenfalls erfolgreich war und erst 1765 niedergeschlagen werden konnte[35] . In der Folge dieser Ereignisse wurde vielen Filipinos klar, dass die spanische Oberhoheit nicht ewig dauern könne.

José Rizal, Nationalheld

Von besonderer Bedeutung für die Philippinen war die *Säkularisierungsbewegung* innerhalb der katholischen Kirche, die von Pedro Pelaez in den 1850er Jahren begründet wurde. Die Bewegung forderte die Philippinisierung der Kirche und eine Beschränkung der Macht der spanischen Ordensgemeinschaften. Die Bewegung war von liberalen Ideen geprägt, die die Gleichberechtigung von Filipinos und Spaniern forderte[36] .

1868 fand in Spanien eine Revolution statt, so dass der liberale Gouverneur Carlos Maria dela Torre auf die Philippinen geschickt wurde, der liberale Reformen durchführte und unter anderem die Pressezensur abschaffte. 1871 war diese Phase jedoch vorbei. Insbesondere die spanischen Mönchsorden auf den Philippinen entfalteten wieder ihre Macht. Am 20. Januar 1872 brach im Fort San Felipe die Cavite-Meuterei aus, die jedoch schnell niedergeschlagen wurde. In der Folge der Meuterei wurden jedoch die Priester Mariano Gómez, José Burgos und Jacinto Zamora inhaftiert. Die spanischen Kolonialbehörden nutzten das Ereignis, um sich unliebsamer Zeitgenossen, die für ihre fortschrittlichen Ideen bekannt waren, zu entledigen. Die drei Priester wurden am 17. Februar 1872 hingerichtet, was einen Aufschrei des Entsetzens in der Bevölkerung auslöste und zur Bewegung der *Ilustrados* führte. Die drei Priester sind bis heute als GOMBURZA ein Begriff im Gedächtnis der Filipinos. José Rizal gab später an, dass dieses Ereignis sein gesamtes Weltbild veränderte[37] .

Im letzten Viertel des 19. Jahrhunderts wurden die Rufe der *Ilustrados* nach Reformen immer lauter. Die Bezeichnung *Filipino*, die früher nur für spanische Kreolen benutzt wurde, wurde auf alle Einwohner des Landes ausgeweitet. Die *Propagandabewegung*, die aus Europa von philippinischen Studenten und Exilanten betrieben wurde, sowie die kurzlebige La Liga Filipina, die kurz nach ihrer Gründung durch José Rizal in Manila sofort von den dortigen Behörden verboten wurde, hatten zunächst nicht die Unabhängigkeit der Philippinen zum Ziel, sondern Gleichberechtigung der Filipinos und philippinische Sitze in den spanischen Cortes. Doch für einige ging dies nicht weit genug.

Von 1896 bis 1898 fand unter der Führung des Katipunan die Philippinische Revolution statt, die in ihrer Endphase praktisch in den Spanisch-Amerikanischen Krieg überging. Im Verlauf der Revolution wurde im Juli 1897 die erste provisorische Republik ausgerufen, die Republik von Biak-na-Bato, und am 1. November die erste provisorische Verfassung der Philippinen verabschiedet, die am 15. November in Kraft trat. Die Republik wurde jedoch am 15. Dezember 1897 wieder aufgelöst mit der Unterzeichnung des Vertrages von Biak-na-Bato in San Miguel zwischen der philippinischen und der spanischen Partei[38] .

Bereits zu Beginn dieser Auseinandersetzung zwischen Spanien und den Vereinigten Staaten wurde die spanische Flotte durch amerikanische Schiffe in der Schlacht in der Bucht von Manila vernichtet. Ein Großteil des Landes war jedoch zu diesem Zeitpunkt bereits unter philippinischer Kontrolle, worauf am 12. Juni 1898 die philippinische Unabhängigkeitserklärung erfolgte, welche weder von der alten noch der neuen Kolonialmacht anerkannt und vom Rest der Welt gar nicht erst wahrgenommen wurde. 1899 folgte die Konstitution der ersten philippinischen Republik.

Amerikanische Kolonialzeit

Die USA erkannten die junge philippinische Republik nicht an und bekämpften sie im Philippinisch-Amerikanischen Krieg von 1899 bis 1902 massiv. Etwa eine Million Filipinos (20 % der Gesamtbevölkerung) kamen während dieser Zeit ums Leben, und das Land wurde zur amerikanischen Kolonie.[39] Unterstützung erhielten die Revolutionäre lediglich vom Hongkong-Komitee, das internationale Verbindungen knüpfte und für die materielle Unterstützung der Filipinos sorgte[40]

Bereits am 20. Januar 1900 wurde die Schurman-Kommission von McKinley berufen. Sie sollte Vorschläge für einen Übergang zu einer zivilen Kolonialverwaltung ausarbeiten, diese Ergebnisse wurde im Januar 1901 vorgelegt[41] . Im März 1901 wurde daraufhin William Howard Taft zum Vorsitzenden der nach ihm benannten Taft-Kommission berufen und auf die Philippinen entsendet, um eine zivile Kolonialverwaltung zu etablierten. Er baute den Obersten Gerichtshof der Philippinen auf, zu dessen ersten Vorsitzenden Cayetano Arellano 1901 berufen wurde und es wurde ein öffentliches Bildungswesen etabliert[42] . Es wurden auch Vorbereitungen getroffen um eine Zweikammer-Legislative zu schaffen. Die Taft-Kommission bildete nach Vorbild des US-Systems das Oberhaus und die Philippinische-Versammlung das Unterhaus, erste Wahlen zu letzterer wurden am 30. Juni 1907 durchgeführt und am 16. Oktober Manila Grand Opera House konstituiert[43] .

1904 wurde im Süden der Philippinen, der von den Spaniern nie ganz unterworfen wurde, von den Amerikanern die *Moro Province* gegründet und militärisch kontrolliert. Dadurch kam es zum Moro-Amerikanischen Krieg, der von 1904 bis 1913/16 andauerte und durch den US-General John Pershing beendet wurde. So wurde aus der in spanischer Zeit eher formellen Zugehörigkeit der Moslemgebiete zu den Philippinen eine faktische. Auf der Insel Mindanao wurden große Monokulturen amerikanischer Konzerne angelegt, wie zum Beispiel Ananasplantagen. Es kam in den 1920er und 1950er Jahren außerdem zu staatlich geförderten Siedlungsprogrammen, bei denen Christen aus dem Norden und aus der Mitte der Philippinen in den Süden gebracht wurden. Der heutige Konflikt im Süden der Philippinen hat seine Wurzeln in dieser Zeit.

Mit Inkrafttreten des *Philippine Autonomy Acts* 1916 wurde den Filipinos mehr Aufgaben übertragen, dazu löste die Philippinische Legislative das bisherige Parlamentssystem ab, so dass man ab diesem Zeitpunkt von einem halbautonomen Status der Philippinen sprechen kann. In diesem Zweikammersystem waren nunmehr nur noch Filipinos vertreten[44] .

1935 wurde eine Teilautonomie für die Philippinen mit dem Ziel der Unabhängigkeit bis 1945 beschlossen. Kurz darauf wurde die Einwanderung von Filipinos in die USA erheblich eingeschränkt. Manuel Quezon wurde Präsident des Commonwealth der Philippinen. Das Parlament wurde auf ein Einkammersystem reduziert, der Nationalversammlung. 1940 wurde sich wieder auf ein Zweikammersystem verständigt und der Commonwealth Kongress entstand. 1937 wurde das Frauenwahlrecht durchgesetzt und von diesem Zeitpunkt an konnten sich Frauen auch für politische Ämter bewerben[45] Quezon holte sich später Douglas MacArthur als Militärberater hinzu, der beim Aufbau eigener philippinischer Streitkräfte half. 1941/42 kämpften philippinische und amerikanische Soldaten vergeblich gegen die eindringende japanische Armee (→ Schlacht um die Philippinen).

Von 1942 bis 1945 wurden die Philippinen im Zuge des Zweiten Weltkriegs von Japan besetzt. Etwa 1 Million Filipinos starben durch das brutale Besatzungsregime der japanischen Armee, etliche Städte wurden in Schutt und Asche gelegt.

Am 4. Juli 1946 wurden die Philippinen offiziell in die Unabhängigkeit entlassen. Die USA behielten einige Jahrzehnte lang wirtschaftliche Sonderrechte und militärische Stützpunkte auf den Philippinen und spielen bis heute eine wichtige Rolle in der philippinischen Politik.

Philippinische Republik

Filmaufnahmen der Unabhängigkeitserklärung (englisch)

Nach der Unabhängigkeit galt zunächst einmal die Verfassung von 1935 weiter, in der die Philippinen eine Präsidialrepublik nach amerikanischem Muster waren. Der Einfluss der USA blieb weiterhin sehr groß, unter anderem ließen sich die USA am 14. März 1947 für die Dauer von 99 Jahren die Hoheitsrechte über 23 Militärstützpunkte garantieren. Die Philippinen entsandten wiederum 1951 fünf Bataillone in den Koreakrieg, um den USA zu helfen.

Gegen Aufstände durch die kommunistischen Hukbalahap, einer ehemaligen Widerstandsbewegung gegen die japanische Besatzung, gab es von den USA Ausrüstung und amerikanische Militärberater, unter anderem der CIA-Agent Edward Lansdale, der später in Vietnam eine wichtige Rolle spielen sollte. Um den Aufstand zu entschärfen, wurde in den 1950er Jahren die Umsiedlung armer Bauern in den Süden der Philippinen verstärkt gefördert.

Im Jahre 1963 kam es zu einem Konflikt mit Malaysia, da die Philippinen Sabah als früheren Bestandteil des Sultanats von Sulu beanspruchten. Diese Problematik ist bis heute offen.

Aufgrund von Konflikten zwischen christlichen Siedlern und muslimischen Einheimischen kam es in den 1960er Jahren immer mehr zu Konflikten im Süden der Philippinen. 1968 wurden einige muslimische Armee-Rekruten erschossen, die sich weigerten, an einer Geheimoperation zur Rückeroberung Sabahs teilzunehmen. Als Reaktion auf dieses Massaker bildeten sich die ersten separatistischen Bewegungen auf den Südphilippinen.

Im Jahre 1965 wurde der populäre junge Politiker Ferdinand E. Marcos zum Präsidenten gewählt. 1971 wurde Marcos als erster Präsident der Philippinen wiedergewählt, wobei die Wahl als solche sehr umstritten war. Im selben Jahr ließ Marcos eine verfassungsgebende Versammlung einberufen, um die veraltete Verfassung von 1935 zu ersetzen. Gegner von Marcos verdächtigten ihn deshalb des Versuches, die Beschränkung auf zwei Wahlperioden umgehen zu wollen. Ab 1970 hatte es Marcos außerdem sowohl mit dem First Quarter Storm zu tun, einer linken Studentenbewegung, die unter anderem seine Amtsführung, den pro-amerikanischen Kurs geißelte, als auch mit einer neuen maoistischen kommunistischen Guerilla, der New People's Army (NPA) und der Alex Boncayao-Brigade (ABB).

Die Marcos-Diktatur

Ferdinand Marcos

Im Jahre 1972 gab es eine Serie von Bombenanschlägen, von denen man allerdings heute vermutet, dass sie von Militärs durchgeführt wurden, um Marcos einen Vorwand für das Kriegsrecht zu liefern. Am 21. September 1972 erklärte Marcos das Kriegsrecht, ließ Oppositionszeitungen und -sender schließen und veranlasste die Inhaftierung zahlreicher Oppositioneller. 1973 ließ er eine neue parlamentarische Verfassung ratifizieren. Das Kriegsrecht wurde zwar 1980 aufgehoben, und es kam 1981 sogar zu einer Parlamentswahl, bei der aber massive Wahlfälschung vermutet wurde.

Während der Marcos-Diktatur kam es zu massiven Repressalien gegen Oppositionelle. Manche wurden jahrelang in Untersuchungshaft gehalten, unter anderem der prominente Marcos-Rivale Benigno Aquino, Jr. Im Zuge der Bekämpfung der NPA kam es in manchen Provinzen zu Repressalien gegen die Landbevölkerung. Etliche Oppositionelle oder vermutete Kommunisten verschwanden entweder spurlos oder wurden schwer verstümmelt aufgefunden, eine Praxis, die vom Militär „salvaging" genannt wurde. Unterdessen bereicherten sich Marcos, seine Frau Imelda und seine Freunde, während die Auslandsschulden der Philippinen immer weiter stiegen. Es wurde viel Geld für Prestigeprojekte ausgegeben, unter anderem für eine Herzklinik und einen Filmpalast.

Am 21. August 1983 wurde der Oppositionsführer Benigno Aquino ermordet, bei dem Versuch das Land am Flughafen von Manila zu betreten. Daraufhin entwickelte sich eine breite Oppositionsbewegung gegen Marcos, die dieser mit vorgezogenen Neuwahlen zu begegnen versuchte. Nach der gefälschten vorgezogenen Präsidentschaftswahl vom Februar 1986, demonstrierten mehr als eine Million Filipinos auf der EDSA-Avenue in Manila und forderten Marcos Rücktritt. Die katholische Kirche unterstützte die Demonstranten, woraufhin die Demonstrationen über das gesamte Land ausweiteten und als EDSA-Revolution in die Geschichte einging. Durch die Weigerung des Militärs die Demonstration gewaltsam aufzulösen sah sich Marcos am 25. Februar 1986 gezwungen nach Hawaii, in die USA zu fliehen. Die Witwe des ermordeten Benigno Aquino und Oppositionsführerin, Corazón Aquino, wurde am selben Tag als die neue Präsidentin vereidigt[46] .

Corazon Aquino (1992)

Politik

Am 11. Februar 1987 trat eine neue Verfassung in Kraft und seit 1987 sind die Philippinen wieder eine Präsidialrepublik. Der Präsident hat weit reichende exekutive Befugnisse. Er beruft das Kabinett ein. Der Kongress besteht aus Repräsentantenhaus und Senat. Es besteht de jure Wahlpflicht.

Vom 20. Januar 2001 bis zum 30. Juni 2010 war Gloria Macapagal-Arroyo (* 1947) Staatsoberhaupt (zuvor Vizepräsidentin); sie wurde am 30. Juni 2004 trotz verschiedener Vorwürfe massiver Wahlfälschungen, die in der Folgezeit noch bestätigt wurden (Tonbandmitschnitt der Fälschungsvereinbarungen, im weiteren Verlauf auch präzise Aussagen von reuigen Mitgliedern der Wahlkommission) erneut vereidigt. Am 18. November 2011 wurde gegen sie ein Haftbefehl erlassen. Ihr wurde vorgeworfen, die Ergebnisse der Senatswahl 2007 manipuliert zu haben. Macapagal Arroyo ist Nachfolgerin von Joseph E. Estrada, der nach Verlust seiner Machtbasis als Folge von Korruptionsvorwürfen und des Drucks von Demonstrationen seinen Amtssitz vorzeitig verlassen hatte. Die erst 2006 durchgeführten Vernehmungen entlasteten ihn jedoch weitgehend und wiesen vielmehr auf einen engen Vertrauten Arroyos, Chavit Singson, Gouverneur von Ilocos Sur, der für seine Geschäfte im Bereich des illegalen Glücksspiels schon bekannt war. Nach einer Verurteilung durch ein von ihm nicht anerkanntes Sondergericht („Sandiganbayan") gewährte ihm Arroyo ein „bedingungsloses Pardon".[47]

Eine sinnvolle Politik war deshalb zwischenzeitlich kaum möglich. Die Regierung musste sich ständig gegen neue Beweise ihrer Illegitimität wehren. Gleichzeitig war sie mit der Abwehr vermeintlicher oder tatsächlicher Putschversuche beschäftigt. Um beispielsweise eine öffentliche Ansprache an das Volk in Manila (SONA) zu halten, benötigte die Präsidentin 2006 etwa 13.000 Polizisten/Soldaten.

Am 10. Mai 2010 wurden Wahlen (u.a. für das Präsidentenamt) auf den Philippinen durchgeführt. Dabei wurde in hohem Maß auf Computertechnik zurückgegriffen, um keinen Zweifel an den Ergebnissen der Wahl zuzulassen. Gleichwohl wurde die Bekanntgabe des endgültigen amtlichen Endergebnisses auch dieses Mal durch Vorwürfe der Wahlmanipulation überschattet. Techniker der beteiligten Firma haben die einfachen Eingriffsmöglichkeiten an den Wahlcomputern detailliert dargelegt.[48] Am 30. Juni 2010 wurde Benigno Aquino III. als Präsident vereidigt.[49]

Die philippinische Politik ist sehr personenbezogen, so dass Parteien keine so große Rolle spielen. Viele philippinische Politiker gehören einer politischen Dynastie an: so ist zum Beispiel Macapagal-Arroyo die Tochter des ehemaligen Präsidenten Diosdado Macapagal, oder der Sohn von Ferdinand Marcos, Ferdinand Marcos Jr., auch *Bong-Bong* genannt, Gouverneur der Heimatprovinz seines Vaters, Ilocos Norte, und der Sohn des ehemaligen Präsidenten Ramon Magsaysay, Ramon Magsaysay jr., ist Senator. Popularität und regionale Zugehörigkeitsgefühle zählen oft viel mehr als Sachthemen. In den letzten Jahren sind viele Schauspieler, ehemalige Basketballstars und ähnliche Medienpersönlichkeiten in die Politik gegangen.

Die Philippinen sind Mitglied im Sicherheitsrat der UN, ASEAN, APEC und der Uni6n Latina.

2006 wurden die Philippinen für ein Jahr in den UN-Menschenrechtsrat (engl. Council on Human Rights) aufgenommen. Eine Wiederwahl ist möglich, allerdings auch eine Abwahl wegen massiver Menschenrechtsverletzungen im eigenen Land. Der im Dezember 2006 in Cebu geplante ASEAN-Gipfel wurde kurzfristig angeblich wegen des Wetters abgesagt. Von der Opposition wurde jedoch auch die Angst vor Massenprotesten gegen Versuche, die Verfassung ohne entsprechende Verfahren zu ändern, angeführt. Anfang 2007 informierte sich der UN-Beauftragte Philip Alston über die umstrittene Menschenrechtslage. Nach anfänglichem Widerstand erhielt er den unveröffentlichten vorläufigen Bericht der so genannten „Melo-Kommission". Hier wird zum ersten Mal auch von offizieller Seite die Verwicklung des Militärs, besonders des Generals Palparan, in die politischen Morde gegen Linke belegt.

Demokratiesituation

Seit dem Ende der Marcosdiktatur hat es immer wieder politische Unruhen auf den Philippinen gegeben, so dass von einer stabilen Demokratie keineswegs die Rede sein kann. Im August 1987 und Dezember 1989 gab es Putschversuche des Oberst Gregorio „Gringo" Honasan. Im Jahr 2003 kam es zu einer Meuterei von Marinesoldaten unter Leutnant Antonio Trillanes, bei der ein Hotel besetzt wurde. Die Soldaten gaben jedoch friedlich auf und wurden vor ein Militärgericht gestellt. Im Jahre 2006 gab es einen angeblichen Putschversuch, der zur Ausrufung eines Notstandes durch Präsidentin Arroyo und einigen Verhaftungen führte (siehe Artikel Putschversuch auf den Philippinen 2006).

Sowohl Arroyo als auch Aquino kamen jeweils 2001 und 1986 aufgrund von Demonstrationen und durch Überlaufen führender Militärs an die Macht, so dass formal gesehen die Rechtsstaatlichkeit verletzt wurde. Im Jahr 2001 kam es zu Demonstrationen und zu Krawallen von Estrada-Anhängern, die die neue Präsidentin durch Militär niederschlagen ließ. Es gab Tote und Verletzte. Bis heute ist die politische Situation sehr stark polarisiert. Die offensichtlich gefälschten Wahlen von 2004 und in der Folge zahlreiche politisch motivierte Morde gegen „Linke", aber auch Menschenrechtsaktivisten und ähnliches haben die Situation zusätzlich erschwert.

Die Wahlen 2007 brachten trotz massiver Einschüchterungs- und Fälschungsversuche – internationale Beobachter fühlten sich sogar in Afghanistan sicherer – einen Erdrutschsieg für die Opposition. Der wegen des Putschversuchs immer noch inhaftierte Trillanes gewann ohne jeden Wahlkampf einen Senatssitz.

Am 29. November 2007 gelang es den Verantwortlichen des Putschversuches von 2003, während einer Anhörung das Gerichtsgebäude von Manila zu verlassen und sich nach einem Marsch durch die Innenstadt von Makati in einem Hotel zu verschanzen. Angeführt wurde die Gruppe von Antonio Trillanes und dem Brigadegeneral Danilo Lim. Ein Aufruf an Soldaten, sich ihnen anzuschließen, blieb aber ohne Wirkung, und die Putschisten ergaben sich schließlich den Sicherheitskräften, als diese drohten, das Hotel zu stürmen.[50]

Am 23. November 2009 kam es in der Provinz Maguindanao zu einem Massaker an Zivilisten, bei dem 57 Menschen ermordet wurden. Das Massaker stand im Zusammenhang mit den Wahlen vom 10. Mai 2010. Der Hauptverdächtige aus dem Ampatuanclan hat für die derzeitige Präsidentin Macapagal Arroyo u.a. 2004 (Präsidentschaftswahlen) und 2007 (Senatswahlen, Zubiri) die Wahlen massiv gefälscht bzw. fälschen lassen. Die Opposition bekam jeweils 0 Stimmen.

Der frühere Botschafter der Philippinen in den USA, Maceda, verweist in einem Beitrag der oppositionellen "The Daily Tribune" vom 11. Dezember 2009 ([51] oder[52]) darauf, dass schon zuvor 200 Morde und andere Gräueltaten von den Ampatuans in der Gegend verübt wurden, ohne bisher juristische Konsequenzen zu haben.

Der Regierung Arroyo wurde 2006 vorgeworfen, über 800 politisch motivierte Morde nicht aufgeklärt zu haben.[53]

Minderheitenkonflikte

Vor der Ankunft der Spanier bestanden die Philippinen aus Barangays (Gemeinden) verschiedener Völker und Stämme, die vielfältig untereinander vernetzt waren. Spanien kolonisierte den größten Teil des Archipels und in 300 Jahren entstand eine Philippinische Mehrheitsidentität. In einigen Gebieten, wie in den Philippinischen Kordilleren mit den Stämmen der Igorot im Norden und den Gebieten der Moro und Lumad im Süden, wurden die Menschen kaum beeinflusst.

Die spanische Kolonialzeit prägte die unter ihrer Kontrolle stehenden Menschen: die erlittene Ausbeutung, das feudale Wirtschaftssystem, später das halbfeudale Hazienda-System, die zentralisierte Regierung, die christlichen und spanischen Einflüsse. Und sie schaffte die Minderheiten: die Menschen, die an der Peripherie der wirtschaftlichen, kulturellen und politischen Veränderungen lebten und ihre indigenen Traditionen bewahrten.[54]

Islamischer Terror und Konflikt

Vor allem im Süden Mindanaos kommt es immer wieder zu bewaffneten Auseinandersetzungen zwischen Rebellen der separatistischen MNLF (Nationale Befreiungsfront der Moros), der islamistischen MILF (Islamische Befreiungsfront der Moros) und Regierungstruppen. Die MNLF regiert heute die Autonomous Region in Muslim Mindanao (deutsch: autonome Region im muslimischen Mindanao), während die islamistische MILF sich weiter für einen eigenständigen Moslem-Staat einsetzt, der aus den Inseln Mindanao, Palawan, Basilan und dem Sulu-Archipel bestehen soll. Die Abu Sayyaf sind wiederum eine terroristische Gruppe, die durch Entführungen und Anschläge bekannt wurde.

Im Zuge dieser Auseinandersetzungen kommt es auch immer wieder zu terroristischen Angriffen, wie etwa den Bombenanschlägen auf den internationalen Flughafen in Davao City im Frühjahr 2003 sowie auf ein Hafenterminal in Davao etwa zur selben Zeit. Beide Anschläge forderten mehrere Todesopfer. Des Weiteren kommt es immer wieder zu religiös begründeten Anschlägen auf christliche Kirchen. Auf Grund dieser Gefährdungssituation wurden unter anderem vom deutschen Auswärtigen Amt in der Vergangenheit mehrmals Reisewarnungen für die Philippinen herausgegeben und es wurde insbesondere von Reisen nach Mindanao abgeraten.

Es handelt sich nur oberflächlich betrachtet um einen reinen Religionskonflikt. Eine andere der zugrunde liegenden Ursachen ist beispielsweise das von den Vereinigten Staaten durchgesetzte Landgesetz von 1903, das Christen gestattete, bis zu 23 ha Land zu besitzen, während der Landbesitz für die muslimische und nichtchristliche Bevölkerung auf 10 ha begrenzt war. Dieses Gesetz bildete nur einen Baustein einer andauernden systematischen Enteignungskampagne. In den 1950er-Jahren wurde die systematische Einwanderung christlicher Siedler nach Mindanao durch die philippinische Zentralregierung in Manila gefördert. Die muslimischen Einwohner wurden damit in ihren angestammten Gebieten zur Minderheit.

Diese Faktoren führten letztlich zu einem der größten vergessenen Kriege unserer Zeit: der Bürgerkrieg auf Mindanao forderte ab den 70er Jahren des 20. Jahrhunderts bis 2002 nach Angaben der Weltbank mindestens 120.000 Opfer, die Mehrzahl von ihnen Zivilisten. Zahlreiche Versuche zu ernsthaften Friedensabschlüssen zu gelangen scheiterten bisher, unter anderem an einer fehlenden langfristigen Perspektive für die Region, die einen fairen Interessenausgleich aller Beteiligten und Betroffenen böte.

Verwaltungsgliederung

Die niedrigste Verwaltungsebene auf den Philippinen ist das Barangay. So setzt sich jede Stadt (insgesamt 138 Städte) und jede eigenständig verwaltete Gemeinde (insgesamt 1.496 Gemeinden) aus mehreren Barangays (insgesamt 41.026 Baranguays) zusammen, die somit als Ortsteile angesehen werden können. Die nächsthöhere Ebene sind die 80 Provinzen (Stand 2011) des Landes. Diese wiederum sind in 17 Regionen gruppiert, um die Verwaltung zu vereinfachen. Jede Provinz wird von einem Gouverneur und einem Vizegouverneur geleitet; wohingegen jeder Stadt und Stadtgemeinde jeweils ein Bürgermeister und ein Stadtrat vorstehen.

Die Barangays können in sogenannte *Puroks* (auf Deutsch "Zonen") eingeteilt sein. Ein solcher Purok hat einen Vorsteher, der unter anderem die Zahl der lebenden Personen in den jeweiligen Haushalten zählt, eine Bestätigung gibt, dass eine Person tatsächlich in seinem Purok lebt und andere Verwaltungsaufgaben bekleidet. Der Purok-Vorsteher arbeitet ehrenamtlich. Allerdings sind in Metro Manila Puroks weitgehend verschwunden und beschränken sich auf ländliche Gebiete und kleinere Städte.

Die meisten Regierungsbüros der Regionen besitzen ein Regionalamt, um die einzelnen Provinzen zu unterstützen. Mit Ausnahme der ARMM besitzen die Regionen aber keine eigene Regierung wie die Provinzen und Städte.

Die Philippinen beanspruchen mehrere der westlich von Palawan gelegenen Spratly-Inseln.[55]

Wirtschaft

- Währung: 1 Philippinischer Peso = 100 Centavos
- 1 € = 55,83 Peso (Stand: 19. April 2012)[56]
- BSP: 144 Milliarden US-Dollar (2007)

Reisanbau auf Mindanao

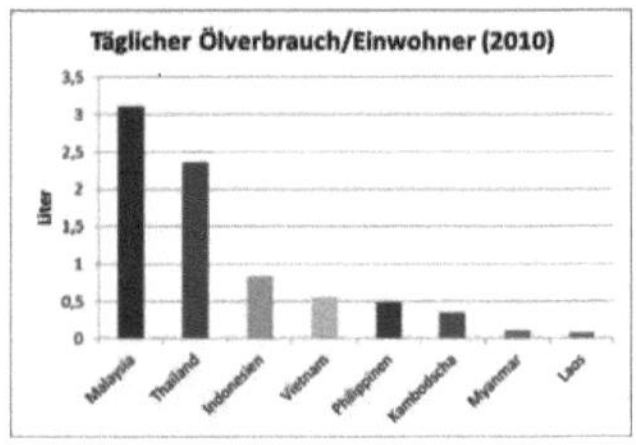

Täglicher Ölverbrauch einiger Länder in Südostasien, Liter pro Tag/Einwohner

Obwohl die Philippinen zu den aufstrebenden Next Eleven gerechnet werden, gehören sie zu den, aus europäischer Sicht gesehenen, ärmeren Ländern. Es herrscht ein starker wirtschaftlicher Gegensatz zwischen einer kleinen reichen Oberschicht und der breiten Bevölkerungsmehrheit. In der Metropolregion Manila etwa gibt es einerseits die saubere und sichere Wolkenkratzerstadt Makati City mit zahlreichen internationalen Unternehmen, auf der anderen Seite aber auch viele ausgedehnte Slums ohne ausreichende Wasser- und Stromversorgung. Weiterhin lässt sich ein deutliches Nord-Süd-Gefälle im Einkommen feststellen. Während auf der Hauptinsel Luzon (im Norden) eine exportorientierte Industrie (vor allem im Bereich der Textil- und Elektronikindustrie) präsent ist, herrscht im südlichen Mindanao weitgehend die Landwirtschaft (Reisanbau) vor. Die wichtigsten Handelspartner sind die USA und Japan. Exportgüter sind vor allem Elektronik, Maschinen und Transportmittel.

Ein großes wirtschaftliches Hemmnis stellt die Versicherung von Geldeinlagen bei philippinischen Banken dar. Nur Beträge bis 250.000 Peso sind versichert. Dies gilt auch, wenn die Einlagen auf verschiedenen Konten bei derselben Bank hinterlegt sind.

Ein weiteres Hemmnis ist die verbreitete Korruption. Selbst die Weltbank hat 2008/2009 Projekte gestoppt und einen Bericht über verlangte Zahlungen im Umfeld des Gatten der damaligen Präsidentin vorgelegt (The Daily Tribune vom 5. Februar 2009)

Die Philippinen haben aufgrund der weitverbreiteten Englischkenntnisse einen sehr starken Dienstleistungssektor. Vor allem Callcenter, die für amerikanische Firmen arbeiten, sind auf den Philippinen sehr zahlreich. Gegenüber indischen Callcenter-Mitarbeitern haben Filipinos für den amerikanischen Markt den Vorteil, dass sie einen verständlicheren Akzent sprechen und mit amerikanischen Ausdrücken besser vertraut sind.

Weitere Dienstleistungszweige sind Buchhaltung und Softwareentwicklung, da philippinische Hochschulabsolventen in diesen Bereichen sehr gut ausgebildet sind, aber trotzdem recht niedrige Gehälter haben. Accenture hat zum Beispiel auf den Philippinen ein sehr großes Dienstleistungszentrum eingerichtet.

Panorama von Makati City (Metro Manila), dem Finanzzentrum der Philippinen

Der Grundstückserwerb ist ausschließlich durch philippinische Staatsbürger möglich, Ausländer können nur unter bestimmten Voraussetzungen Grundstücke erwerben. Hintergrund ist der häufige Missbrauch, wie zum Beispiel in internationalen Versteigerungen. Es ist allerdings möglich, als Ausländer die philippinische Staatsangehörigkeit zu erwerben.

Energiesektor

Der Energiesektor ist auf den Philippinen weitestgehend gut ausgebaut. Zur Energieerzeugung werden Öl, Erdgas, Holz, Kohle und in zunehmendem Maße auch regenerative Energieträger, wie Wasserkraft und Geothermie, verwendet. In den letzten Jahrzehnten wurden große Wasserkraftwerke am Agus (418 MW), Angat- (246 MW), Magat- (381 MW), Pantabangan-Stausee (100 MW) und am Caliraya-See errichtet. Die Philippinen sind weltweit der zweitgrößte Nutzer von Geothermiekraftwerken. Große Geothermiekraftwerke sind zum Beispiel die Geothermie-Kraftwerke Bacon-Manito I und II, in den Pocdolbergen, das Palinpinon Geothermalfeld am Cuernos de Negros und die Naglabong- und Tiwi-Thermalquellenfelder am Vulkan Malinao. Die Gesamtenergieleistung des Landes aus geothermalen Quellen betrug 2007 1,931 GW. Die Philippinen haben aufgrund ihrer Insellage ein großes Potenzial der Erzeugung elektrischen Stromes aus Windenergie. Das von der United States Department of Energy wind mapping survey erstellte Datenmaterial legt ein Potenzial von über 70 GW nahe. Ein 40 MW großer Windpark wurde in Ilocos Norte 2002 in Betrieb genommen.[57]

Solarenergie soll vor allem für den lokalen Bedarf genutzt werden. So wurden in 150 abgelegene Dörfer Solaranlagen installiert. Es ist geplant insgesamt 15.000 Solaranlagen für den häuslichen Bedarf zu installieren. Biogas wird auf den Philippinen bislang nur selten genutzt. Seit 2005 entstand lediglich in Victorias City ein Pilotkraftwerk, das ausgelegt ist für die Produktion von 51 MW elektrischen Stroms; es werden hierfür Abfälle aus der Zuckerrohrproduktion verwendet. Für die Nutzung der Meeresströmungen sollen zwei Meeresströmungskraftwerke in der San-Bernardino-Straße und der Straße von Surigao getestet werden.

Durch die Entdeckung des Malampaya-Erdgasfeldes, vor der Küste Palawans, konnten die Philippinen ihre Abhängigkeit von den Importen wie Kohle und Erdöl verringern. Die Förderung von Erdgas wurde 2001 aufgenommen, hierfür war der Bau einer 501 km langen Pipeline nach Batangas City die Voraussetzung. Insgesamt wurden im Großraum Manila sechs Kraftwerke neu gebaut oder umgerüstet. Sie erbrachten 2007 zusammen eine Leistung von 4,88 GW; bis 2012 soll dieser Wert bis auf ca. 8 GW gesteigert werden. Es ist vorgesehen, eine weitere Pipeline in die Visayas und auf die Insel Mindanao zu verlegen.[58]

Der Mix der Primärenergieträger auf den Philippinen sah 2003 folgendermaßen aus: 40 % Erdöl, 11 % Kohle, 9 % Geothermie, 6 % Erdgas, 4 % Wasserkraft und ca. 30 % andere Energieträger. Der Anteil der erneuerbaren Energieträger lag 2003 bei 43 % an der Gesamtenergieerzeugung und soll weiter ausgebaut werden.[59] Die der erneuerbaren Energien lag bei 15 %. Im Jahre 2007 wurden auf den Philippinen 59.612 GWh elektrischer Strom erzeugt. Bei deren Erzeugung verteilte sich der Energieträgermix wie folgt: Erdgas 31,5 %, Kohle 28,2 %, Geothermie 17,1 %, Wasserkraft 14,4 %, Erdöl 8,6 % und 0,1 % andere Energien. Der primäre Verbrauch von Erdöl beschränkt sich weitestgehend auf den Transportsektor, dieser betrug 2007 ca. 74 % des Gesamtverbrauchs. Die Philippinen gehören zu den kleineren Emittenten von klimaschädlichen Treibhausgasen. Ohne die Montanindustrien, wie der Agro- und Waldwirtschaft, betrugen die Emissionen ca. 142 Millionen Tonnen im Jahr 2005. Der Ausstoß der erzeugten Treibhausgase erreichte in den Jahren 1997 bis 2005 ihren Höhepunkt und nahm seitdem signifikant ab, trotz des wirtschaftlichen Wachstums von durchschnittlich 4 %. Er lag im Jahr 2007 auf einem Niveau der dem der frühen 1980er Jahren entsprach.[60]

Auslands-Filipinos

Einen bedeutenden Wirtschaftsfaktor stellen die Filipinos dar, die im Ausland als so genannte *Overseas Filipino Worker* (OFW) arbeiten. Die Überweisungen dieser Gastarbeiter betrugen im Jahr 2009 ca. 17,3 Milliarden US-Dollar.[61]

Etwa acht Millionen Filipinos (ca. 9 % der Gesamtbevölkerung von 89.468.677 Einwohnern) arbeiten ständig im Ausland, philippinische Frauen besonders häufig in Hongkong, Singapur, Taiwan und arabischen Ländern, vor allem als Haus- oder Kindermädchen, aber auch in einfachen Tätigkeiten, etwa als Kassiererin. Auch die Heirat mit einem „Foreigner“ aus einem wohlhabenden Staat ist sehr beliebt und wird häufig zum Anlass genommen, das Land zu verlassen und eine neue Existenz im Ausland zu beginnen. Mit den Einkünften in harter Währung können bei verhältnismäßig geringem Aufwand große Projekte in der Heimat verwirklicht werden. Die monatlichen Zahlungen von Filipinos nach Hause machen eine große Summe aus und lassen die Bevölkerung im eigentlichen Sinn einen besseren Standard erreichen.

Auf Grund der guten Ausbildung und guter Englischkenntnisse finden sich philippinische Auswanderer in den USA, Kanada, Australien, Neuseeland und Europa (Großbritannien, Italien, Spanien, Frankreich, Deutschland, Österreich und der Schweiz) gut zurecht. Sie arbeiten häufig im Gesundheitswesen, meistens als Techniker und Technologen, aber auch als Mediziner und Krankenpfleger sowie als Erzieher, Hauspersonal und in der Gastronomie. Philippinische Männer sind auf großen Kreuzfahrtschiffen weltweit zu finden, hauptsächlich in Wäschereien, als Musiker oder als Dienstpersonal. Auf Frachtschiffen dienen sie als Besatzungsmitglieder oder auch als Schiffsmeister und -offiziere. Da viele gut ausgebildete Filipinos ins Ausland ziehen, leidet die einheimische Wirtschaft unter dem Verlust von Fachkräften (brain drain), auch der Heiratsmarkt wird dadurch ausgetrocknet. Andererseits kommen durch die Auslandstätigkeit Devisen ins Land.[62]

Die Regierung erwägt die Wiedereinführung einer 5-prozentigen Einkommenssteuer für alle im Ausland beschäftigten Filipinos, um Geld in den Staatshaushalt fließen zu lassen. Dieses Vorhaben stößt jedoch auf großen Widerstand der Betroffenen.

Verkehrswesen

Das Verkehrswesen des Inselstaates basiert überwiegend auf Schifffahrt, Luftfahrt und Straßenverkehr. Im überregionalen Verkehr dominiert die Schifffahrt, gefolgt vom Luftverkehr. Die größte Schifffahrtsgesellschaft im Personenverkehr ist die SuperFerry Cooperation, gefolgt von Negros Navigation. Beide Gesellschaften bieten auf den ganzen Philippinen Fährverbindungen, auch im Langstreckenverkehr, an. Regional in den Visayas arbeitet die Trans Asia Shipping, daneben bieten zahlreiche kleinere Gesellschaften regionale Fährverbindungen an. Das Flugzeug ist das schnellste Transportmittel in den Philippinen. Größte Fluggesellschaft des Landes ist die Philippine Airlines, die internationale Strecken in die Regionen Nordamerika, Ostasien, Südostasien und den Mittleren Osten anbietet. Ihr Inlandsableger ist die Airphil Express. Größte Inlandsfluggesellschaft ist die Cebu Pacific, sie bietet Flüge in alle Regionen des Landes an. Kleinere Fluggesellschaften sind die Zest Airways und die South East Asian Airlines.

Das Eisenbahnwesen ist wenig entwickelt und besteht im wesentlichen aus einer einzigen Bahnstrecke der Philippine National Railways (PNR) in die Bicol Region. Die Verbindung nach San Fernando und San Jose City soll nach dem Willen der Regierung wieder aufgebaut werden. Weitere Bahnprojekte existieren auf der Insel Panay und Mindanao. In Manila wurde in jüngster Zeit begonnen, ein modernes Stadtbahnsystem Mass Rapid Transit Manila aufzubauen. Auf den großen Inseln verkehren zwischen den großen Städten Reisebusse im regelmäßigen Linienverkehr. Fast im ganzen Land dominieren in den Städten die Jeepneys im Kurzstreckenverkehr, gefolgt vom Tricycle und dem Pedicab für den Ultrakurzstreckenverkehr.

Gesundheitswesen

Auf den Philippinen gibt es 90.000 registrierte Ärzte und 2.400 Krankenhäuser, davon 1.700 öffentliche. Über 60 % der Bevölkerung sind in der gesetzlichen Krankenversicherung *Philippine Health Insurance Corporation* (PhilHealth) versichert, aber nur etwa 50 % der Bevölkerung haben Zugang zur Gesundheitsversorgung.[63]

Generell sind die staatlichen Krankenhäuser unterfinanziert und dementsprechend prekär ausgestattet. Die Behandlung erfolgt kostenlos, Medikamente hingegen müssen selber bezahlt werden. Betuchte Filipinos und Ausländer bevorzugen die großen und hervorragend ausgestatteten Krankenhäuser in Manila (Makati Medical Center; Philippine Heart Center of Asia).

Der größte Teil der Bevölkerung besitzt keinerlei Impfschutz. Tetanusprophylaxe ist nur sporadisch verbreitet. Der Tollwut-Durchseuchungsgrad, unter anderem unter Haustieren, ist sehr hoch.

Wirtschaftsdaten

Veränderung des Bruttoinlandsprodukts (BIP) in % gegenüber dem Vorjahr (real)										
Jahr	2001	2002	2003	2004	2005	2006	2007	2008	2009	2010
Veränderung in % gg. Vj.	1,8	4,4	4,9	6,4	5,0	5,4	7,2	4,6	~2,5	7,6
Quelle: gtai[64]								**~ = Prognosen**		

Entwicklung der Inflationsrate in % gegenüber dem Vorjahr					**Entwicklung des Haushaltssaldos in % des BIP („minus" bedeutet Defizit im Staatshaushalt)**			
Jahr	2003	2004	2005	2006	Jahr	2003	2004	2005
Inflationsrate	3,5	6,0	7,6	6,7	Haushaltssaldo	–5,2	–4,8	–1,9
Quelle: bfai[65]								

Entwicklung des Außenhandels (Außenhandel in Mrd. US-Dollar und seine Veränderung gegenüber dem Vorjahr in %)								
	2003		**2004**		**2005**		**2006**	
	Mrd. US-$	% gg. Vj.	Mrd. US-$	% gg. Vj.	Mrd. US-$	% gg. Vj.	Mrd. US-$ (1. Hj.)	% gg.Vj.
Einfuhr	40,5	3,1	44,0	8,8	47,4	7,7	24,6	8,4
Ausfuhr	36,2	2,9	39,7	9,5	41,3	4,0	22,7	16,7
Saldo	–4,2		–4,4		–6,2		–1,9	
Quelle: bfai[66]								

Staatshaushalt

Der Staatshaushalt umfasste 2009 Ausgaben von umgerechnet 29,8 Mrd. US-Dollar, dem standen Einnahmen von umgerechnet 23,6 Mrd. US-Dollar gegenüber. Daraus ergibt sich ein Haushaltsdefizit in Höhe von 3,9 % des BIP.[67] Die Staatsverschuldung betrug 2009 94,3 Mrd. US-Dollar oder 58,7 % des BIP.[67]

2006 betrug der Anteil der Staatsausgaben (in % des BIP) folgender Bereiche:

- Gesundheit:[68] 3,8 %
- Bildung:[67] 2,5 % (2005)
- Militär:[67] 0,9 % (2005)

Kultur

Das was gemeinhin unter philippinischer Kultur verstanden wird, ist die Kultur der christlichen Tieflandbewohner, die die Mehrheit bilden und unter spanischer Herrschaft standen. Die Hochlandbewohner sowie philippinische Muslime und philippinische Chinesen unterscheiden sich in ihren Sitten und Bräuchen zum Teil erheblich von der Mehrheitsgesellschaft. Ansonsten ist auf den Philippinen überall der amerikanische Einfluss spürbar, auch wenn dieser nicht so tiefgreifend war wie der Einfluss von mehr als dreihundert Jahren spanischer Kolonialherrschaft und Katholizismus.

Die Philippinen sind eines der wenigen Länder, in denen Ehescheidungen verboten sind. Unter bestimmten Voraussetzungen und komplizierten Verfahren kann eine Ehe nachträglich annulliert werden. Aus diesem Grund lassen sich viele philippinische Ehepaare in der Dominikanischen Republik scheiden. Ehebruch steht ebenfalls unter Strafe.

Bei Heirat eines philippinischen Staatsangehörigen im Land ist zuvor eine „Ehefähigkeitsbescheinigung" (engl.: Legal Capacity) vom Bräutigam vorzulegen. Dieses Dokument wird vom zuständigen Standesamt im Ursprungsland ausgestellt und muss von der jeweiligen Botschaft bestätigt werden. Wegen der zahlreichen Fälschungen erkennt die Deutsche Botschaft in Manila mittlerweile (seit 2001) keinerlei philippinische Dokumente ohne aufwändige persönliche Nachprüfungen an.

Spanischer Einfluss

Die spanische Sprache konnte sich nie durchsetzen, obwohl die Spanier rund 330 Jahre die Insel beherrschten, weil sie – anders als in Mittel- und Südamerika – auf den Philippinen mehr am Handel und weniger an der Vermischung zweier Kulturen interessiert waren. Spanisch wurde den Einheimischen nicht beigebracht, vielmehr lernten die spanischen Priester und Mönche die einheimischen Sprachen und bildeten einige wenige Einheimische, sogenannte *ladinos*, als Übersetzer aus. Ansonsten wurde die Sprache außer von den Spaniern nur von Mestizen und – im späten 19. Jahrhundert – von den *ilustrados* gesprochen, einer nationalen Elite, die sich aus wohlhabenden Einheimischen, Mestizen und teilweise sogar Kreolen zusammensetzte. In der amerikanischen Kolonialzeit wurde außerdem das Englische sehr stark zu Lasten des Spanischen gefördert. Daher sprechen weniger als 5.000 Filipinos Spanisch als Muttersprache, allerdings sprechen etwa 230.000 Filipinos Chabacano, eine spanische Kreolsprache.

Das Spanische – sowie die Aussprache spanischer Lehnwörter – ist auf den Philippinen eher mexikanisch als spanisch geprägt, da die Philippinen bis zur Unabhängigkeit von Mexiko aus regiert wurden und die beiden Länder durch den Galeonenhandel mit Acapulco in regem Austausch standen. Als die Philippinen nach der Unabhängigkeit Mexikos unter direkte spanische Herrschaft kamen, gab es Konflikte zwischen den auf den Philippinen geborenen Spaniern (*Insulares*) und den Spaniern aus Europa *(Peninsulares)*. Nicht wenige *Insulares* schlugen sich bei der philippinischen Revolution von 1896 auf Seiten der Einheimischen, auch wenn nationalistische Historiker auf den Philippinen dies gerne verdrängen.

Für viele alltägliche Begriffe – unter anderem Zeit und Zahlenangaben, Bezeichnungen von Hausabteilen, Haushalts- und Kleidungsartikeln und Fahrzeugteilen – werden spanische Begriffe oder Wörter benutzt. Auch diese wurden teilweise umgewandelt oder entfremdet, erinnern jedoch immer noch sehr an die spanischen Begriffe. Zum Beispiel bedeutet das Wort „siempre" im spanischen „immer, ewig", auf den Philippinen wird dieses Wort eher für „natürlich, na klar" verwendet. Es existieren teilweise eigene Tagalog-Ausdrücke für die oben genannten Begriffe, diese werden jedoch kaum verwendet. Es sind jedoch Bemühungen im Gange, in Anlehnung an den Nationalhelden und Literaten *José Rizal*, die historisch überlieferte Sprache wiederzubeleben. Von Spaniern gegründete Schulen wie Colegio de San Juan de Letran, University of Santo Tomas, Colegio de Santa Catalina und anderen Organisationen, wie zum Beispiel Circulo Cervantino und Casino Español lehren noch Spanisch als Fremdsprache, verwenden allerdings wie alle anderen philippinischen Hochschulen Englisch als Hauptunterrichtssprache.

Namensgebung

Die meisten Filipinos – aber auch Inseln, Landesteile und Ortschaften – tragen als Folge der rund 330 Jahre dauernden spanischen Kolonialherrschaft spanische Namen. Bis 1849 hatten die meisten Filipinos nur einen Vornamen; einige benannten sich auch nach katholischen Heiligen (zum Beispiel San Pedro, del Pilar, San Buenaventura).

Am 21. November 1849 erließ der spanische Generalgouverneur Narciso Claveria y Zaldua ein Dekret, das für alle Filipinos Familiennamen obligatorisch machte. Zu diesem Zweck wurde an alle Provinzgouverneure eine alphabetische Liste spanischer Namen verteilt. Die Provinzgouverneure sandten an die Gemeindepfarrer je einen Ausschnitt aus dieser Liste. Die älteste Person jeder Familie konnte dann für die ganze Familie aus dieser Unterliste einen Namen für seine Familie aussuchen. Da durch dieses System Orte nur Namen bekamen, die mit einem bestimmten Buchstaben begannen, kann man aus vielen Namen die lokale Herkunft erkennen. Die Liste, auf die alle philippinischen Familiennamen zurückgehen, ist als Claveria Liste bekannt. Der Sinn des Dekretes war eine Vereinfachung der Verwaltung, Steuereinnahme und Volkszählung.

Einwohner der Philippinen, die bereits vor dem Claveria-Dekret einen nicht-spanischen Nachnamen hatten, konnten diesen jedoch behalten. Bestimmte Namen wie Cojuangco (Ko Kwan-co), Tanlimco (Tan Lim-co) oder Joson (Ho Sun) deuten auf chinesische Vorfahren, während einige Namen wie Tupas, Gatmaitan, oder Gatbonton alte einheimische Nachnamen sind. Wer beweisen konnte, dass seine Familie bereits seit mindestens vier Generationen einen spanischen Nachnamen verwendete, durfte diesen ebenfalls behalten.

Musik

Beispiele bekannter philippinischer Musiker sind Freddie Aguilar, Billy Crawford und Gary Valenciano („Gary V"), die Bands Side A und Rivermaya sowie die Filipino-Amerikaner Apl.de.ap, Chad Hugo, Cassie, Kirk Hammett, Death Angel, Nicole Scherzinger, Bruno Mars und Vanessa Hudgens, Travie McCoy (Frontmann der Alternative Hip-Hop-Band Gym Class Heroes), Billy Crawford, Mutya Buena (Sugababes), der Filipino-Spanier Enrique Iglesias sowie Pilita Corrales und Lea Salonga.

Film

Schauspieler oder Regisseure mit ganz oder teilweise philippinischer Abstammung sind Lino Brocka, Rob Schneider, Vanessa Minnillo, Dante Basco, Tia Carrere, Lou Diamond Phillips und Vanessa Hudgens.

Philippinische Küche

Die philippinische Küche vereinigt spanisch-mexikanische, chinesische, indische, japanische und amerikanische Einflüsse, die auf die Regionalküchen der unterschiedlichen ethnischen Gruppen der Philippinen gewirkt haben.

Feste

Auf den Philippinen gibt es jährlich viele Feste, unter anderem das Barrio Fiesta und Fiesta de Sandugo. Jede Gegend hat ihre eigenen Feste, die häufig mit Paraden und Feuerwerken zu Ehren des/der lokalen Heiligen begangen werden.

In vorspanischer Zeit kamen viele hinduistische und buddhistische Elemente auf die Philippinen, da die Philippinen unter dem Einfluss der Sri-Vijaya- und Majapahit-Reiche standen. Infolge der 333 Jahre dauernden Kolonisation durch die Spanier flossen auch viele spanische und mexikanische Traditionen in die Kultur mit ein, und nach 1898 kamen zusätzlich noch amerikanische Einflüsse auf die Insel. Etwa 60 % der philippinischen Traditionen und Bräuche haben trotz der jahrhundertelangen Fremdherrschaft ihren Ursprung in vorspanischer Zeit.

Ein wichtiges Fest ist *Flores de Mayo* (Maiblumen), das das Ende der heißen Trockenzeit und den Beginn der Regenzeit feiert, ein für die Landwirtschaft wichtiger Zeitpunkt.

Die christlichen Feiertage werden ausgiebig gefeiert, allerdings ganz anders als in Europa. Zu Allerheiligen und Allerseelen kampieren Familienangehörige in den Friedhöfen, es herrscht eher Partystimmung als Trauer, da man den Toten eine Freude machen möchte. Weihnachten auf den Philippinen wird vom 16. Dezember an gefeiert, es gibt bis zum 24. Dezember Messen um 4 Uhr morgens, *misa de gallo* (Hahnenmesse) genannt. Geschenke werden erst am 25. Dezember geöffnet und nie in Gegenwart des Schenkenden. Die Bescherung von Kindern durch ihre Taufpaten erfolgt nach spanischer Tradition erst am 6. Januar (Dreikönigstag). In der Karwoche steht das öffentliche Leben still, am Karfreitag und Karsamstag sind Kinos geschlossen. Einige Männer lassen sich am Karfreitag zur Buße ans Kreuz nageln, ein Brauch, der von der offiziellen katholischen Kirche nicht gerne gesehen wird. In Manila findet am 9. Januar das Fest des Schwarzen Nazareners statt, bei dem Mitglieder von örtlichen Gangs zur Buße eine schwere Statue des „schwarzen Christus“ durch die Straßen tragen. Bei dieser Prozession dürfen nur Männer zugegen sein.

Weitere lokale Feste sind das Ati-Atihan-Fest in Kalibo, Aklan, bei der die Eroberung der Insel und die Verdrängung der Negrito oder Ati-Stämme gefeiert wird; das Santo Nino (Christkind)-Fest in Cebu, bei der die Christianisierung der Insel gefeiert wird; oder das Penafrancia-Fest in Bikol, bei dem es zu großen Flussprozessionen kommt.

Ein großes einwöchiges Fest ist das Kadayawan in Davao City. Dort treten in den Shoppingmalls berühmte philippinische Stars und Sänger auf, und am Wochenende gibt es eine große Parade (Vogelfest) mit festlich geschmückten Wagen. Am Ende wählt eine Jury den schönsten Festwagen.

Legenden

Zu den ältesten überlieferten Geschichten auf dem Gebiet der Philippinen gehört die Legende um Das Leben des Lam-Ang. Andere bekannte populäre Legenden auf den Philippinen sind die Geschichte um die Prinzessin Urduja, die Maragtas Legende und die Legende um das Gesetzbuch von Kalantiaw, diese Legenden gehören zur Pflichtlektüre in den Schulen, auch wenn es eine Kontroverse um deren Authentizität existiert[69] [70].

Mythologie

Die philippinische Mythologie ist eine Sammlung von Geschichten über magische Wesen und Geschöpfe. Trotz starker Verwestlichung und Christianisierung glauben viele Filipinos immer noch an die Existenz solcher Wesen, besonders in den Provinzen. Es gibt auch Berichte von Sichtungen, die aber oft unbestätigt blieben.

Da das Land aus vielen Inseln besteht und von vielen ethnischen Gruppen bewohnt wird, ist die philippinische Mythologie sehr zersplittert. Es gibt jedoch Gemeinsamkeiten unter diesen Gruppen wie den Glauben an Himmel (*Kaluwalhatian* oder *Kalangitan*), Hölle (*Kasanaan*) und die menschliche Seele (*kaluluwa*).

- Aswang: Aswang, die wohl berühmteste mythologische Gestalt der Philippinen, ist ein leichenfressender Ghul und kann – ähnlich dem europäischen Werwolf – die Gestalt eines Tieres annehmen. Tagsüber nehmen Aswangs die Gestalt eines Menschen oder eines Tieres (meist einer Fledermaus oder eines Schweines) an. Nachts erscheinen sie bei Vollmond um Mitternacht, um Jagd auf nichtsahnende schlafende Menschen zu machen. Besonders populär ist der Mythos des Aswang in Cadiz und in Duenas, Iloilo.
- Dila: Dila ist die Zunge eines Geistes. Dilas dringen durch den Bambusfußboden ländlicher Häuser ein und lecken bestimmte Menschen zu Tode.
- Diwatas und Engkatos: Diwatas oder Feen sollen in großen Bäumen wie Akazien und Baletes leben. Sie sind die Schutzgeister der Natur und bringen Segen oder Verderben über die, die Wäldern und Bergen wohltun oder schaden. Eine berühmte solche Diwata ist *Maria Makiling*, die Wächterin des Berg Makiling in der Provinz Laguna. Engkantos (auch Encantos geschrieben) oder männliche Feen leben hauptsächlich im Meer. Unter philippinischen Fischern ist es Brauch, nach einem guten Fang Fleisch und andere Delikatessen als Opfer für die Engkantos ins Meer zu werfen.

  In anderen Landesteilen entsprechen Diwatas den griechischen Göttern und Göttinnen. Zu den bekanntesten Diwatas gehören: *Bathala* (auch bekannt als *Kabunian*, *Malayari* und *Lumawig*), Herrscher des Himmels; *Amanikable*, Herrscher über die Meere; *Dian Masalanta*, Göttin der Liebe; *Apolake* (oder *Adlaw*), Sonnengott; *Mayari* (oder in anderen Gebieten *Bulan*), Mondgöttin; *Tala*, Göttin der Sterne; und *Anitan*, Wächter der Blitze.
- Dwende: Dwende ist das spanische Wort für Zwerg. Dwendes leben häufig in Häusern oder auf Bäumen in ländlichen Gebieten. Je nachdem, wie man sie behandelt, bringen sie Unheil oder Glück. Filipinos lassen oft Speisen auf dem Fußboden zurück, damit die Dwendes, die das Haus bewohnen (oder, wie sie sagen, beschützen), nicht beleidigt sind, sondern dem Haus Segen bringen. Es gibt auch Dwendes, die in Ameisenhügeln leben, und wenn man an einen Ameisenhügel kommt, bittet man um ihre Erlaubnis, vorbeigehen zu dürfen.
- Kapre: Kapre, ein großer und dunkler Riese, bewohnt Wälder. Kapres rauchen Tabak, weshalb Filipinos in ländlichen Gebieten sehr empfindlich auf Tabakrauch sind.
- Manananggal: Eine Manananggal ist eine Zauberin, die ihren Körper in zwei Teile teilen kann. Am Rücken trägt sie Fledermausflügel. Kopf und Oberkörper durchstreifen das Land und fressen bettlägerige und kranke Menschen. Wird die untere Hälfte ihres Körpers mit Asche und Salz bestreut, kann ihr Kopf nicht zurückkehren, und sie wird endgültig vernichtet. Manchmal wird sie mit einem Aswang verwechselt oder gleichgestellt.
- Mangkukulam: Mangkukulam ist eine Hexe. Auf den Visayas wird sie *Mambabarang* genannt.
- Matruculan: Matruculan dringt in das Haus einer Jungfrau ein und schwängert sie. Nach einer anderen Version tötet der Matruculan eine werdende Mutter, öffnet ihren Leib und frisst den Fötus. Zur Abwehr durchschneidet

der Ehemann während der Wehen die Luft mit seiner Axt. Der Glaube an Matruculan ist heute nicht mehr so weitverbreitet wie in der spanischen Zeit.

- Multo: Multo, das Wort für Geist in Tagalog, kommt vom spanischen *muerto* (deutsch: Toter). Filipinos glauben, dass ein Multo, oft der Geist eines verstorbenen Verwandten, sie regelmäßig besucht. Das Wort für den Besuch eines Multo heißt *minumulto* oder *dinadalaw*. Evangelikale Christen unter den Filipinos halten die Multos für böse Geister, die Katholiken hingegen für wohlwollend.
- Nuno sa Punso: Der Nuno sa Punso bewohnt kleine Hügel im Boden. Deshalb sagen Filipinos „makikiraan lang po" („Entschuldigung bitte"), wenn sie an einem Buckel im Boden vorbeigehen, um den Nuno nicht zu beleidigen. Oft werden sie mit den Dwende durcheinandergebracht.
- Putol na Kamay: Putol na Kamay leben häufig in Briefkästen oder Schränken in ländlichen Häusern. Der Name bedeutet „abgeschnittene Hand".
- Santelmo: Santelmo (vom spanischen „Fuego de San Telmo", deutsch: Elmsfeuer) ist ein Feuerball, der vor allem in den Bergen der Sierra Madre von Dutzenden Filipinos gesehen wurde. Wissenschaftlich werden diese Erscheinungen durch atmosphärische elektrische Felder erklärt, die bei herannahenden Gewitterfronten auftreten und sich an hohen, spitzen Gegenständen als Elmsfeuer entladen. Berichte über Sichtungen gab es schon in der spanischen Ära (16. bis 19. Jahrhundert). Besonders von Seeleuten wurde Elmsfeuer an Schiffsmasten beobachtet. Auch im Gebirge kann dieses Phänomen an Bergspitzen beobachtet werden.
- Sirena und Siyokoy: Eine Sirena (deutsch: Sirene) ist eine Meerjungfrau. Vor allem Fischer aus den Städten am Pazifik berichteten oft von Sirenen am Strand. Siyokoy ist das männliche Gegenstück der Sirene. Er hat eine braune geschuppte Haut ähnlich der der Fische und Kiemenschlitze.
- Tikbalang: Ein Tikbalang ist ein Wesen mit dem Kopf eines Pferdes und dem Körper eines Menschen.
- Tiyanak: Nach dem Glauben der Filipinos ist ein Tiyanak der Nachkomme einer Frau und eines Dämons (vergleiche Wechselbalg). Ein Tiyanak kann auch ein abgetriebener Fötus sein, der zum Leben erwacht und Unglück über die Mutter bringt. Er wird als haarlos mit roter Haut und glühenden Augen beschrieben.
- Thanbucha: Nach dem Glauben der Filipinos ist ein Thanbucha der Nachkomme eines Mannes und eines Lustmolchs. Ein Thanbucha kann auch ein abgetriebener Fötus sein, der zum Leben erwacht und Unglück über die Mutter bringt. Er wird als haarlos mit roter Haut und glühenden Augen beschrieben. Uneheliche Kinder werden direkt nach der Geburt ertränkt.

Bildungswesen

2005 wurden 2,5 % des BIP für Bildung verwendet.[71] Ein großer Teil der Schulen besteht aus Privatschulen.[72] Die Analphabetenrate auf den Philippinen ist niedrig.[73]

Sport

Zu den beliebtesten Sportarten gehören Basketball, Boxen und Poolbillard. Die philippinischen Basketballspieler wurden 1960, 1963, 1967, 1973 und 1986 fünfmal asiatischer Meister. Der aktuell bekannteste philippinische Sportler ist der mehrfache Boxweltmeister Manny Pacquiao. Bekannt ist auch der griechisch-philippinische Wrestler Dave Batista und der Poolbillardspieler Efren Reyes.

Kampfkunst

Die waffenlastigen Formen Arnis, Kali und Eskrima, sowie ein dem Kickboxen ähnlicher Kampfstil, das Sikaran, haben ihren Ursprung auf den Philippinen. Sie sind weithin bekannt für effektive, letale Messertechniken und extrem schnelle Doppelstockformen. Weniger bekannt sind Panantukan, ein philippinischer Box-Stil, sowie Dumog, das Pendant zum Ringen.

Tauchen

Der Tauchsport auf den Philippinen hat seinen Ursprung in Anilao im Süden von Luzon. Expats und Philippinos meist aus dem nahegelegenen Manila erkundeten die Unterwasserwelt an Wochenenden. Heute findet man internationale Tauchbasen und Resorts über das ganze Archipel erstreckt. Puerto Galera auf Mindoro war und ist bis heute eine Tauchhochburg. In den Visayas konzentrieren sich die Tauchaktivitäten größtenteils auf Bohol, Moalboal und die Region um Dumaguete. Coron im Norden Palawans ist bei Wrack-Tauchern ebenso beliebt wie Subic-Bay Im Westen Luzons. Hier kann man verschieden Wracks aus dem Zweiten Weltkrieg betauchen. Tauchsafaris werden auch auf den Philippinen immer beliebter. Die Ziele sind das Tubbataha-Riff in der Sulu Sea und das nördlich von Mindoro liegende Apo-Riff.

Die Tauchausbildung erfolgt meist nach PADI-Richtlinien. Es werden aber auch alle anderen Brevets von internationalen Tauchverbänden anerkannt. Die meisten Tauchbasen verwenden INT-Tank-Ventile, das Mitbringen eines Adapters auf DIN-Ventile ist daher ratsam. Die Philippinen liegen im Korallendreieck und weisen eine überdurchschnittliche Artenvielfalt auf. Seit Jahren wird in vielen Gebieten erfolgreich gegen Dynamit- und Cyanidfischerei angekämpft. Die meisten Tauchplätze befinden sich küstennah und sind in wenigen Minuten vom jeweiligen Hotel aus zu erreichen.

Sehenswürdigkeiten

Auf Luzon befinden sich die berühmten Reisterrassen von Banaue und Batad sowie die Vulkane Pinatubo, Taal und Mayon (den viele als den schönsten Vulkan der Welt ansehen, da er sich als nahezu perfekter Kegel aus einer flachen Ebene erhebt). Etwa zwei Stunden von Manila entfernt in der Provinz Laguna liegen die berühmten Pagsanjan-Wasserfälle. Bemerkenswert sind ebenso die vielen Strände, die die Küsten der Philippinen bieten.

Chocolate Hills

Wichtige Sehenswürdigkeiten gehören zum Weltkultur- oder Naturerbe, wie die Barock-Kirchen auf den Philippinen San Agustin in der spanischen Stadtfestung Intramuros und in Paoay und Miagao. Weitestgehend unbekannt ist die historische spanische Altstadt von Vigan. Historisch bedeutende Sakralbauten sind die Kathedrale von Malolos und die Kathedrale von Manila. Der einzige Kirchenbau in Asien, dessen Fassade komplett aus Stahl im neugotischen Baustil erbaut wurde, ist die Basílica de San Sebastián. Eines der wenigen Gebäude in Asien, das im Stil des Art déco errichtet wurde, ist das Gebäude des Manila Metropolitan Theaters.[74] Von großer nationaler Bedeutung ist der Rizal-Park. Außerhalb von Manila befindet sich die 1773 erbaute Barockkirche in Daraga, Provinz Albay (Our Lady of the Gate Parish Church), die im Jahr 2007 zum nationalen Kulturguterbe erklärt wurde. Die Kirche steht auf einem Berghügel in der Stadtgemeinde Daraga, von dem man einen Panoramablick auf den bekannten Vulkan Mayon hat.

Es finden sich zahlreiche Spanische Festungen auf den Philippinen, die zum Teil gut erhalten sind. Auf Bohol befinden sich die Chocolate Hills, die in ihrer Form an die Toblerone-Schokolade erinnern und zum National Natural Monument erklärt. Insgesamt wurden 1268 Hügel in dieser Form in dem Gebiet gezählt. In Cebu City zählt der daoistische Tempel zu den architektonischen Glanzstücken.

Die Philippinen sind ein Hotspot der Biodiversität zu Lande und zu Wasser. Zwei weltweit unter Sporttauchern bekannte Korallenriffe sind das Tubbataha-Riff in der Sulu-See und das Apo-Riff in der Mindoro-Straße. Das größte Korallenriff der Philippinen ist jedoch das weitgehend unbekannte Doppelriff Caubyan und Calituban. In den Nationalparks und Naturschutzgebieten werden immer wieder neue Tier- und Pflanzenarten entdeckt, wie zum Beispiel im Northern Sierra Madre Natural Park. Der bekannteste Nationalpark ist der Puerto-Princesa Subterranean River National Park, in dem sich der längste unterirdische Fluss der Welt befindet.

Nationalparks und Schutzzonen der Philippinen

Inselgruppe Luzon:

Insel Mindoro und Palawan:

Inselgruppe der Visayas:

Inselgruppe Mindanao:

Literatur

- Niklas Reese, Rainer Werning (Hrsg.): *Handbuch Philippinen. Gesellschaft – Politik – Wirtschaft – Kultur.* Horlemann, Bad Honnef 2006, ISBN 3-89502-218-7 (gibt einen Einblick in alle Bereiche der philippinischen Gesellschaft und Entwicklung)
- Wolfgang Bethge: *Die Philippinen – Einblicke in Natur, Kultur, Geschichte und Gesellschaft.* Shaker, Aachen 2009, ISBN 978-3-86858-196-6.
- Harry Sichrovsky: *Der Revolutionär von Leitmeritz. Ferdinand Blumentritt und der philippinische Freiheitskampf.* ÖBV, Wien 1983, ISBN 3-215-04989-9.
- Jens Peters: *Philippinen. Reise-Handbuch.* 18. Auflage. JPP, Bremen 2005, ISBN 3-923821-30-1 (umfassendster deutschsprachiger Philippinen-Reiseführer)
- Eduard Brachetto: *Philippinen. Paradies im permanenten Entwicklungsnotstand.* Brachetto, Kloten 2003, ISBN 3-0344-0167-1.
- Rolf Hanisch: *Philippinen. Aktuelle Länderkunde.* Beck, München 1989, ISBN 3-406-32285-9.
- Gisela M. Reiterer: *Die Philippinen. Kontinuität und Wandel.* Sonderzahl, Wien 1997, ISBN 3-85449-112-3.
- Fedor Jagor: *Reisen in den Philippinen.* Peters, Aurich 1982, ISBN 3-9800154-8-3 (gekürzte Wiedergabe der inzwischen schon klassischen Originalausgabe aus dem Jahre 1873)
- James Hamilton-Paterson: *Wasserspiele.* Goldmann, München 1999, ISBN 3-442-72298-5 (romanhafter Bericht einer Selbstfindung durch die Erforschung, Erschließung und Beschreibung der philippinischen Küstenwelt und ein ethnographisches Buch über ihre Bewohner)
- Domingo A. Madulid: *A pictorial guide to the noteworthy plants of Palawan.* Palawan Tropical Forestry Protection Programme, Palawan 2002, ISBN 971-92544-1-6.
- Ronald van de Vooren: *Philippine Diving.* OCLC 664159812 [75] (ausführlicher Tauchführer in Englisch für Apo-Island, Bohol, Cebu und Siquijor)

Weblinks

Portal: Philippinen – Portal zu weiteren Artikeln über die Philippinen

- Portal der GIZ – vielseitige Präsentation zur Landeskunde [76]
- Offizielle Regierungswebsite [77]
- Länder- und Reiseinformationen des Auswärtigen Amtes [78]
- Philippinenbüro e. V. – Gesellschaftspolitische Informationen über die Philippinen [79]
- Aktionsbündnis Menschenrechte – Philippinen [80]
- Menschenrechte auf den Philippinen – Asiatische Menschenrechtskommission [81]
- Menschenrechte Philippinen – amnesty international Deutschland – Philippinenkoordination [82]
- Ethnologue: philippinische Sprachen [83]
- Philippine Cuisine [84] (englisch)
- Klimadiagramm und Klimatabellen von den Philippinen [85]

Einzelnachweise

[1] http://www.gov.ph/index.php?option=com_content&task=view&id=200020&Itemid=26

[2] Zensus 2010 (http://www.census.gov.ph/data/pressrelease/2012/PHILS_summary_pop_n_PGR_1990to2010.pdf)

[3] Google Public Data – Philippinen (https://www.google.de/publicdata/explore?ds=d5bncppjof8f9_&met_y=sp_pop_grow&idim=country:PHL). Abgerufen am 10. Januar 2013.

[4] World Economic Outlook Database, April 2012 (http://www.imf.org/external/pubs/ft/weo/2012/01/weodata/index.aspx) des Internationalen Währungsfonds

[5] *2011 Human development Report* (http://hdr.undp.org/en/media/HDR_2011_EN_Summary.pdf) S. 17-20. Entwicklungsprogramm der Vereinten Nationen. Abgerufen am 27. Dezember 2012.

[6] Country Environmental Analysis 2008: Philippines S. 28 (http://www.scribd.com/doc/41366619/5th-Country-Environmental-Analysis-PHI)

[7] Climatology and Agrometeorology (http://kidlat.pagasa.dost.gov.ph/cab/statfram.htm)

[8] CropsReview.Com (http://www.cropsreview.com/climate-types.html)

[9] Webseite der PAGASA (http://www.pagasa.dost.gov.ph/index.shtml)

[10] Climatology and Agrometeorology (http://kidlat.pagasa.dost.gov.ph/cab/statfram.htm)

[11] Visayan Silent Garden (http://www.silent-gardens.com/climate.php)

[12] Angaben der Philippinischen Regierung zur Gefahr von Umweltkatastrophen (http://www.gov.ph/government-information-during-natural-disasters/#introduction)

[13] WorldRiskReport 2011 United Nations University Institute for Environment and Human Security (http://www.ehs.unu.edu/file/get/9018)

[14] http://sci.odu.edu/biology/directory/carpenter_files/CarpenterSpringerEFB2005CenterofCenter.pdf The center of the center of marine shore fish biodiversity: the Philippine Islands

[15] Hartmut Kolbe; *Die Entenvögel der Welt*, Ulmer Verlag 1999, ISBN 3-8001-7442-1, S. 218.

[16] *Coral reefs in Philippines among world's most endangered.* (http://newsinfo.inquirer.net/inquirerheadlines/nation/view/20110226-322293/Coral-reefs-in-Philippines-among-worlds-most-endangered) inquirer.net, 26. Februar 2011 (aufgerufen am 19. Januar 2012)

[17] Only 4 percent of PHL coral reefs in excellent health —DENR (http://www.gmanetwork.com/news/story/245586/scitech/science/only-4-percent-of-phl-coral-reefs-in-excellent-health-mdash-denr?ref=section_latest), GMA News, 24. Januar 2012 (aufgerufen am 25. Januar 2012)

[18] Das Republik Gesetz 7586 National Integrated Protected Area System (NIPAS) (http://www.iapad.org/publications/legislation/phl_ra_7586_nipas.pdf)

[19] Schutzzonen unter dem NIPAS-Gesetz (http://www.chm.ph/index.php?option=com_content&view=article&id=386:list-of-proclaimed-protected-areas-under-the-nipas&catid=90&Itemid=146)

[20] NIPAS-Gesetz 7586 S. 3 (http://www.iapad.org/publications/legislation/phl_ra_7586_nipas.pdf)

[21] (http://siteresources.worldbank.org/INTPHILIPPINES/Resources/PH_Low_Carbon_Transport_and_Power.pdf) A Strategic Approach to Climate Change in the Philippines: Worldbank Papers (Englisch)

[22] Philippines National Statistics Office (http://census.gov.ph/data/sectordata/datapop.html)

[23] http://www.survivalinternational.org/tribes/palawan#main

[24] *Results from the 2000 Census of Population and Housing, NSO.* (http://www.census.gov.ph/data/pressrelease/2003/pr0323tx.html) census.gov.ph, 18. Februar 2003

[25] Kath.net: Filippinos errichten größte Marienstatue der Welt (http://www.kath.net/detail.php?id=15867), 1. Februar 2007

[26] Beschreibung der Ausgrabungsstätte Arubo (http://homepages.uni-tuebingen.de/alfred.pawlik/Arubian_sf.htm)

[27] http://whc.unesco.org/en/tentativelists/5018/

[28] Die Geschichte der Philippinen vor Magellan (http://www.balangay-voyage.com/index.php?pg=read-article&newsid=2077) (englisch)

[29] Lost at Sea von Frank Goddio (http://www.franckgoddio.org/fileadmin/docs/Lost_at_sea_Franck_Goddio_first_pages.pdf)

[30] How Islam Got to the Philippines (http://www.slate.com/articles/news_and_politics/explainer/2005/01/how_islam_got_to_the_philippines.html)

[31] The Beginning of Islam in the Philippines (http://www.shvoong.com/humanities/history/2188316-beginning-islam-philippines/)

[32] Maharlika and the ancient class system (http://www.pilipino-express.com/history-a-culture/in-other-words/251-maharlika-and-the-ancient-class-system.html) Autor Paul Morrow (englisch)

[33] Pre Kolonial Philippines (http://de.slideshare.net/jascalimlim/pre-colonial-philippines) (englisch)

[34] Philippine History (http://books.google.com.ph/books?id=gUt5v8ET4QYC&lpg=PA57&dq=alipin&pg=PA57#v=onepage&q=alipin&f=false) M.C. Halili (2004), Rex Bookstore, Inc.. S. 57 (englisch)

[35] The Palaris Revolt 1762 (http://www.nhcp.gov.ph/index.php?option=com_content&task=view&id=410&Itemid=3&mosmsg=Thanks+for+your+vote!) (englisch)

[36] Kurzbiographie von Pedro Palaez (http://www.nhi.gov.ph/downloads/rel0012.pdf)

[37] Summary_of_the_execution_of_Gomburza (http://wiki.answers.com/Q/Summary_of_the_execution_of_Gomburza) (englisch)

[38] The Republic of Biak na Bato (http://www.philippine-history.org/biak-na-bato.htm) (englisch)

[39] ASTM – Die philippinische Geschichte – ein Seminar von Bahaghari (http://astm.lu/article.php3?id_article=404)

[40] The Kong Kong Junta auf National Historical Institute Website. National Historical Institute (http://www.nhcp.gov.ph/index.php?option=com_content&task=view&id=507&Itemid=3) (englisch)

[41] UNITED STATES RULE (http://countrystudies.us/philippines/16.htm) (englisch)

[42] The Taft Commission (http://www.philippine-history.org/taft-commission.htm) Philippine History

[43] The History of the First Philippine Assembly (1907-1916) (http://www.nhcp.gov.ph/index.php?option=com_content&task=view&id=14&Itemid=3)

[44] Historie des philippinischen Senats (http://www.senate.gov.ph/about/history.asp#Philippine_Legislature_(1916-1935))

[45] The American Era (http://web.archive.org/web/20071016222734/http://www.geocities.com/CollegePark/Pool/1644/americanera.html) (englisch)

[46] Geneuere Beschreibung der EDSA-Revolution vom Februar 1986 (http://www.mtholyoke.edu/~guing22f/classweb/The1986PeoplePowerRevolution/page11/page11.html)

[47] (vgl. Daily Tribune vom 13. September 2007 „The unconstitutional clock")

[48] http://www.tribuneonline.org/headlines/20100620hed1.html

[49] http://www.faz.net/s/RubDDBDABB9457A437BAA85A49C26FB23A0/Doc~E7771DC835D19416687DFF84DCA42F48F~ATpl~Ecommon~Scontent.html

[50] Tages-Anzeiger: *Philippinische Polizei stürmt Hotel* (http://www.tagesanzeiger.ch/dyn/news/ausland/818448.html) vom 29. November 2007

[51] www.tribune.net.ph

[52] http://www.tribuneonline.org/commentary/20091211com4.html

[53] vgl. *Demokratie mit Todeslisten* (http://www.zeit.de/2007/20/Philippinen), Die Zeit Nr. 20/2007 vom 10. Mai 2007

[54] http://www.freewebs.com/shaley/briefhistoryofthecor.htm

[55] http://www.globaldefence.net/artikel-analysen/19-asien-spratly-inseln.html

[56] http://www.ecb.europa.eu/stats/exchange/eurofxref/html/index.en.html – Europäische Zentralbank

[57] Die Situation der Energieerzeugung auf Philippinenergy.com (http://philippinesenergy.com/)

[58] DEVELOPING THE PHILIPPINES NATURAL GAS INDUSTRY (http://www.igu.org/html/wgc2003/WGC_pdffiles/10415_1046404920_18561_1.pdf) (Englisch)

[59] Entwicklungspotenzial der erneuerbaren Enegien auf den Philippinen (http://www.doe.gov.ph/Downloads/GHG.pdf) (englisch)

[60] (http://siteresources.worldbank.org/INTPHILIPPINES/Resources/PH_Low_Carbon_Transport_and_Power.pdf) A Strategic Approach to Climate Change in the Philippines: Worldbank Papers (Englisch)

[61] Bangko Sentral ng Pilipinas (http://www.bsp.gov.ph/statistics/keystat/ofw.htm) – Philippinische Zentralbank

[62] Gabor Paal: *Die weltweite Migration aus der Vogelperspektive. Brunson McKinley im Interview.* (http://migrationsblog.swr.de/2007/04/10/die-weltweite-migration-aus-der-vogelperspektive-brunson-mckinley-im-interview/) Migrationsblog des SWR, 10. April 2007

[63] *Medizintourismus in Asien.* In *Der Kassenarzt* Nr. 12, Juni 2007, S. 12. (http://www.kassenarzt.de/w3.php?nodeId=14407)

[64] Entwicklung des BIP der Philippinen 2009 (http://www.gtai.de,)

[65] Entwicklung der Inflationsrate der Philippinen: bfai, 2006 (http://www.bfai.de/DE/Navigation/home/home.html)

[66] Entwicklung des Außenhandels der Philippinen: bfai, 2006 (http://www.bfai.de/DE/Navigation/home/home.html)

[67] The World Factbook (https://www.cia.gov/library/publications/the-world-factbook/geos/rp.html)

[68] Der Fischer Weltalmanach 2010: Zahlen Daten Fakten, Fischer, Frankfurt, 8. September 2009, ISBN 978-3-596-72910-4.

[69] Die Maragtas Legende auf aklanweb.com (http://aklanweb.tripod.com/historiography.htm) (englisch)

[70] Jose E. Marco's Kalantiaw Code: Implications for Philippine Historiography and Filipinos' Historical Consciousness (http://www.academia.edu/613258/_Jose_E.

_Marcos_Kalantiaw_Code_Implications_for_Philippine_Historiography_and_Filipinos_Historical_Consciousness_) Autor: MAUREEN CRISTIN S. JUSTINIANO University of Wisconsin - Madison (englisch)
[71] https://www.cia.gov/library/publications/the-world-factbook/geos/rp.html
[72] http://www.deped.gov.ph/cpanel/uploads/issuanceImg/factsheet2008(May12).pdf
[73] http://hdrstats.undp.org/en/countries/data_sheets/cty_ds_PHL.html
[74] Geschichte der Manila Metropolitan Theater (http://manilamet.webs.com/apps/blog/)
[75] http://worldcat.org/oclc/664159812
[76] http://liportal.inwent.org/philippinen/ueberblick.html
[77] http://www.gov.ph/
[78] http://www.diplo.de/Philippinen
[79] http://www.philippinenbuero.de/
[80] http://www.menschenrechte-philippinen.de/
[81] http://philippines.ahrchk.net/
[82] http://www.amnesty-philippinen.de/
[83] http://www.ethnologue.com/show_country.asp?name=PH
[84] http://www.seasite.niu.edu/TAGALog/Tagalog_Default_files/Philippine_Culture/Pagkaing%20Pilipino/Philippine_cuisine_fs.htm
[85] http://www.iten-online.ch/klima/asien/philippinen/philippinen.htm

Koordinaten: [//toolserver.org/~geohack/geohack.php?pagename=Philippinen&language=de&params=11.3333333333_N_123.016666667_E_reg 11° N, 123° O]

Johannes_Paul_II.

Johannes Paul II. (lateinisch *Ioannes Paulus PP. II*, bürgerlicher Name **Karol Józef Wojtyła**[1] ; * 18. Mai 1920 in Wadowice, Polen; † 2. April 2005 in der Vatikanstadt) war vom 16. Oktober 1978 bis zu seinem Tod 26 Jahre und 5 Monate lang Papst der römisch-katholischen Kirche. Ein längeres Pontifikat ist nur für Pius IX. belegt. Johannes Paul II. war der erste Slawe auf dem Papstthron. Ihm wird eine maßgebliche Rolle bei der Beendigung des Sozialismus in seinem Heimatland Polen zugeschrieben. Am 1. Mai 2011 sprach ihn sein Nachfolger Benedikt XVI. in Rom selig.[2]

Leben

Johannes Paul II.

Kindheit und Jugend

Karol Wojtyła wurde am 18. Mai 1920 in Wadowice, einer Kleinstadt bei Krakau, geboren. Seine Eltern waren der ehemalige k. u. k. Unteroffizier Karol, der als Schneider tätig war, und Emilia, geb. Kaczorowska. Die Mutter starb, als Karol neun Jahre alt war. Im Alter von 12 Jahren verlor er seinen älteren Bruder Edmund, der am 5. Dezember 1932 als junger Mediziner in Bielitz (heutiges Bielsko-Biała) an Scharlach starb. Seine Schwester lernte er nie kennen, da sie noch vor seiner Geburt verstarb.

In seiner Kindheit war Wojtyła sehr sportlich und spielte oft Fußball als Torwart. Er war ein Fan des polnischen Clubs KS Cracovia (*Sportklub Krakau*). In seinen prägenden Jahren wurde er durch zahlreiche Kontakte mit der jüdischen Gemeinde in Wadowice beeinflusst. Oft wurden Fußballspiele in der Schule zwischen einem jüdischen und einem katholischen Team organisiert. Karol Wojtyła spielte oft freiwillig als Torwart beim jüdischen Team, wenn dieses nicht genug Spieler hatte. Mit Jerzy Kluger, einem seiner damaligen Freunde, war er bis zu seinem Tod sehr eng befreundet.[3]

Wappen Johannes Paul II.

Ab 1930 besuchte er das Gymnasium und wirkte ab 1934 bei Theateraufführungen mit. Wojtyła war Ministrant, galt als strebsamer Schüler und beendete die Schule mit Bestnoten. Im Sommer 1938 siedelte er mit dem Vater nach Krakau über und schrieb sich zum Studium der Philosophie und Polnischen Literatur an der Jagiellonen-Universität ein. Drei Jahre später, im Jahre 1941, starb sein Vater.

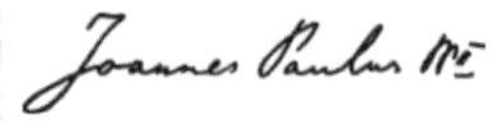

Unterschrift Johannes Paul II.

An der Universität schloss sich Wojtyła der Experimentaltheatergruppe „Studio 39" um Tadeusz Kudliński an, in der er bis 1943, zuletzt im Untergrund, wirkte. Er verfasste literarische Texte: Neben diversen Gedichten schrieb er 1940 unter dem Pseudonym „Andrzej Jawien" das dreiteilige Drama *Jeremiasz* (*Jeremia*), ein biblisch inspiriertes Mysterienspiel mit politischem Bezug. Ebenso engagierte er sich im *Rhapsodischen Theater*. Sein Mysterienspiel *„Im Laden des Goldschmieds"* wurde 1960 veröffentlicht.

Nach dem Ausbruch des Zweiten Weltkrieges wurde die Universität von der deutschen Besatzungsmacht geschlossen, 183 Professoren wurden im Zuge der Sonderaktion Krakau verhaftet, ein Teil von ihnen kam in Konzentrationslagern ums Leben. Wojtyła führte seine Studien in der Untergrunduniversität fort, wurde aber zur Zwangsarbeit in einem Steinbruch sowie vom Frühjahr 1942 bis August 1944 in einer Chemiefabrik verpflichtet. So konnte er seine Deportation zur Zwangsarbeit nach Deutschland verhindern.

Wadowice und Krakau sind Orte, die bis zum Zweiten Weltkrieg sehr stark durch die jüdische Kultur beeinflusst waren, was prägend für Wojtyłas positives Verhältnis zum Judentum war.

Im Oktober 1942 trat er ins geheime Priesterseminar der Erzdiözese Krakau ein. Von August 1944 bis Kriegsende 1945 fand er Zuflucht in der Residenz des Erzbischofs Adam Stefan Sapieha.

Priester und Professor

Am 1. November 1946 empfing Wojtyła im Geheimen die Priesterweihe von Adam Stefan Sapieha und promovierte in den folgenden zwei Jahren auf dessen Anweisung in Rom am Angelicum über die Glaubensdoktrin beim heiligen Johannes vom Kreuz. Am 3. Juli 1947 erwarb er das Lizenziat der Theologie, im Juni 1948 das Doktorat der Philosophie (mit der Note *summa cum laude*).

Besuch der Kirche der Mariä Heimsuchung in Krakau Anfang Juni 1967, kurz vor seiner Erhebung zum Kardinal

Im Anschluss war Karol Wojtyła als Kaplan in Niegowić bei Gdów und später in der Krakauer Studentenkirche *St. Florian* tätig, wo er bald für seine Predigten bekannt wurde. Er wurde Ende 1948 zum Doktor der Theologie promoviert.

Ab 1953 lehrte Wojtyła als Professor für Moraltheologie in Krakau und bekam 1954 einen Lehrauftrag für Philosophie und Sozialethik an der Katholischen Universität von Lublin, wo er sich 1953 mit einer Arbeit *„Beurteilung der Rekonstruktionsmöglichkeiten einer christlichen Ethik auf der Basis der Voraussetzungen des ethischen Systems von Max Scheler"* habilitierte.[4]

Bischof und Kardinal

Johannes Paul I. mit Kardinal Karol Wojtyła

Am 28. September 1958 wurde Karol Wojtyła von Eugeniusz Baziak zum Weihbischof in Krakau und Titularbischof von *Ombi* geweiht. Wojtyła nahm aktiv am Zweiten Vatikanischen Konzil teil; sein Hauptaugenmerk lag dabei auf den Gebieten Religionsfreiheit und einer zeitgemäßen Verkündigung der kirchlichen Lehre, die die Konzilsdokumente *Dignitatis humanae* und *Gaudium et Spes* behandeln.

Am 13. Januar 1964 folgte Wojtyła Erzbischof Eugeniusz Baziak im Amt des Erzbischofs von Krakau. Sein Episkopat in Krakau war vor allem durch eine „sanfte" Konfrontation mit dem kommunistischen Regime Polens geprägt. Sein Beharren auf dem Bau der *Arka Pana*, einer Kirche in der neuen Arbeiterstadt Nowa Huta und seine Predigten, in denen er oft die freie Ausübung der Religion für alle Polen forderte, zeigten ihn als unerschrockenen Antikommunisten. 1965 war er maßgeblich an dem Hirtenbrief der polnischen Bischöfe an ihre deutschen Amtsbrüder beteiligt, in dem zur Versöhnung zwischen beiden Völkern aufgerufen wurde. Auch dies machte ihn zum Objekt scharfer Attacken der kommunistischen Machthaber. Am 26. Juni 1967 wurde Wojtyła zum Kardinalpriester mit der Titelkirche San Cesareo in Palatio erhoben. In dieser Zeit hörte Karol Wojtyła mit der aktiven wissenschaftlichen Arbeit nicht auf, er publizierte 1969 ein philosophisches "Credo" seines eigenen Personalismus in der Monographie "Person und Tat" und nahm an verschiedenen polnisch-italienischen philosophischen Kongressen und Konferenzen teil.

Im Zuge der kirchlichen Bemühungen um eine deutsch-polnische Aussöhnung besuchte Wojtyła 1974 die Bundesrepublik Deutschland und zelebrierte mit Kardinal Döpfner am 19. September eine Heilige Messe im Karmelitinnenkloster Heilig Blut am Rande der KZ-Gedenkstätte Dachau. Als Papst sprach er später 48 der im Konzentrationslager Dachau inhaftierten Priester selig. Ein letzter Deutschlandbesuch vor seiner Wahl erfolgte 1978 an der Seite des Primas von Polen, Kardinal Stefan Wyszyński.

Pontifikat

Die Amtszeit von Johannes Paul II. als Papst dauerte vom 16. Oktober 1978 bis zu seinem Tod am 2. April 2005. In diese mehr als 26 Jahre fielen weltgeschichtlich das Ende des Kalten Krieges, der Zusammenbruch des Kommunismus in Osteuropa mit der Entstehung neuer Nationalstaaten sowie die Kriege in Afghanistan, im ehemaligen Jugoslawien und im Irak.

Johannes Paul II. suchte stärker als seine Vorgänger die Öffentlichkeit und scheute die Massenmedien nicht, was ihm teils die Bezeichnung „Medienpapst" eintrug. Bei seinen öffentlichen Auftritten vor großen Menschenversammlungen wirkte er als charismatische Persönlichkeit.

Wahl und Anfangsjahre

Am 16. Oktober 1978 wurde Karol Wojtyła von den 111 zum Konklave versammelten Kardinälen (im 8. Wahlgang mit 99 Stimmen, andere Quellen nennen 97 Stimmen) in der Sixtinischen Kapelle als Nachfolger des am 28. September 1978 verstorbenen Johannes Paul I. zum nach kirchlicher Zählung 264. Papst und Bischof von Rom gewählt.[5] Damit war er der erste nicht-italienische Papst seit Hadrian VI. (* 1459 in Utrecht, heute Niederlande) sowie der erste slawische Papst der Kirchengeschichte. Johannes Paul II. war bei seiner Wahl mit 58 Jahren der jüngste Papst seit Pius IX. Zudem war er in außerordentlich guter körperlicher Verfassung. Im Gegensatz zu anderen

Päpsten vor ihm trieb er Sport, er schwamm und fuhr regelmäßig Ski. Der Papst soll mehr als hundertmal heimlich den Vatikan verlassen haben, um Ski zu laufen.[6]

Am 4. März 1979 veröffentlichte Johannes Paul II. seine Antrittsenzyklika *Redemptor Hominis*, die ihn als *Papst der Menschenrechte* erscheinen ließ und den markanten Satz enthielt: *Der Weg der Kirche ist der Mensch.*

In den ersten Jahren des Pontifikats standen das Beharren auf der Religionsfreiheit und eine damit verbundene Konfrontation mit den kommunistischen Regimes Osteuropas im Vordergrund. Die Außenpolitik Johannes Pauls II. gegenüber dem Ostblock unterschied sich hier von der seiner kompromissbereiteren Vorgänger. Die polnische Parteiführung konnte eine Pastoralreise in die Heimat aufgrund seiner Popularität nicht verhindern. Vom 2. bis 10. Juni 1979 besuchte er zum ersten Mal als Papst sein Heimatland Polen. In Polen sahen etwa zehn Millionen Menschen den Papst, ein Viertel der gesamten polnischen Bevölkerung. Johannes Paul II. wurde zum Symbol des polnischen Widerstands.

Attentate

Am 13. Mai 1981 feuerte der türkische Rechtsextremist Mehmet Ali Ağca um 17.17 Uhr aus nächster Nähe mindestens zwei Pistolenschüsse auf Johannes Paul II. ab, als dieser im offenen Papamobil auf dem Weg zur Generalaudienz in langsamer Fahrt die auf dem Petersplatz versammelte Menschenmenge passierte. Eine Kugel traf den Papst an der linken Hand und an der Schulter, eine zweite durchbohrte seinen Unterleib. Sofort in das Gemelli-Krankenhaus gebracht, konnte sein Leben durch eine fünfstündige Operation, bei der ein Stück des perforierten Darms entfernt wurde, gerettet werden.[7] Gegen den Rat der Ärzte kehrte er schon am 3. Juni in den Vatikan zurück. Eine schwere postoperative Virusinfektion zwang ihn jedoch dazu, sich am 20. Juni für weitere 24 Tage in die Klinik zu begeben.[8]

Begrüßung der Menge, Petersplatz, 22. April 1987

Die Hintermänner des Attentats wurden beim sowjetischen Geheimdienst KGB vermutet. Es blieb allerdings lange Zeit eine Vermutung, da Ağca sich bis März 2005 beharrlich über die Hintergründe des Attentats ausschwieg. Inzwischen behauptet er, Unterstützung aus dem Vatikan erhalten zu haben. 2006 kam ein Untersuchungsausschuss des italienischen Parlaments zu dem Schluss, dass das Attentat im Auftrag Breschnews vom russischen Geheimdienst GRU in Zusammenarbeit mit dem bulgarischen Geheimdienst sowie der Stasi verübt worden sei. Aufsehen erregte der Papst, als er den Attentäter, dem er schon auf dem Krankenbett vergeben hatte, nach der Genesung im Gefängnis besuchte.

Da die Marienverehrung für Johannes Paul II. besonders wichtig war und das Attentat am Gedenktag unserer Lieben Frau in Fatima verübt wurde, an dem sich in dem portugiesischen Fátima 1917 die erste Marienerscheinung ereignet hatte, schrieb Johannes Paul II. seine Rettung der Gottesmutter zu und bedankte sich mit einer Wallfahrt in den portugiesischen Wallfahrtsort. Dabei brachte er das Geschoss, das ihm aus dem Bauch entfernt worden und inzwischen vergoldet und in eine kleine Krone gefasst war, der Madonna von Fátima als Geschenk dar. Die Madonna trägt bis heute diese Krone mit der Kugel.

Am 12. Mai 1982, während der Pilgerreise des Papstes in Portugal zum Dank, dass er das Attentat überlebt hatte, versuchte der ultrakonservative katholische Priester Joan Fernandez Krohn, Anhänger des französischen Bischofs Marcel Lefebvre, mit einem Bajonett ein weiteres Attentat auf den Papst zu verüben, konnte jedoch von den Leibwächtern überwältigt werden. Der Attentäter begründete sein Handeln mit der „Rettung" der katholischen Kirche vor den Beschlüssen des Zweiten Vatikanischen Konzils.

Reisetätigkeit

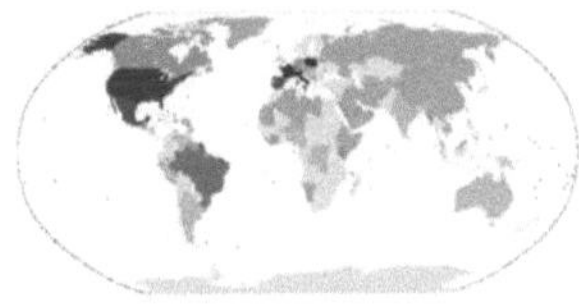

Von Johannes Paul II. besuchte Länder

Die Amtszeit von Johannes Paul II. war geprägt von einer verstärkten Wahrnehmung der repräsentativen Aspekte des Papstamtes. Dies zeigte sich vor allem in den 104 Auslandsreisen des Papstes, Pastoralbesuche genannt, in denen er 127 Länder besuchte. Seine Reisetätigkeit trug ihm rasch den Spitznamen „Eiliger Vater“ ein. Johannes Paul II. unternahm während seiner Amtszeit mehr Auslandsreisen als alle früheren Päpste zusammen. Auf seine erste Reise, die ihn in die Dominikanische Republik, nach Mexiko und auf die Bahamas führte, begab er sich bereits rund drei Monate nach seiner Wahl. Wenn Johannes Paul II. ein Land zum ersten Mal betrat, zeigte er durch seinen Kniefall und das Küssen des Bodens seine Ehrerbietung.

Von politischer Bedeutung waren insbesondere die Reisen in sein Heimatland, durch die er den polnischen Widerstand gegen das kommunistische Regime stärkte.

Vom 28. Mai bis 2. Juni 1982 besuchte Johannes Paul II. als erster Papst seit der Trennung der Anglikanischen Kirche vor 450 Jahren Großbritannien. Während des Aufenthalts wurde er von Königin Elisabeth II. empfangen und besuchte einen ökumenischen Gottesdienst in der Kathedrale von Canterbury. Im Jahr 2000 begab sich der Papst auf eine Reise ins Heilige Land (Israel, Jordanien, Palästinensergebiete).

Am 15. Januar 1995 hielt der Papst in Manila vor vier Millionen Menschen den größten Gottesdienst in der Geschichte der römisch-katholischen Kirche. Es war zugleich die größte bekannte Versammlung in der Geschichte der Menschheit. Am 21. Januar 1998 führte ihn eine Pilgerreise ins sozialistische Kuba.

Die Bundesrepublik Deutschland besuchte Johannes Paul II. als Papst erstmals im November 1980, weitere Deutschlandbesuche folgten in den Jahren 1987 und 1996. Österreich besuchte er in den Jahren 1983, 1988 und 1998, die Schweiz 1982, 1984, 1985 und 2004.

Persönliche Treffen

Johannes Paul II. und US-Präsident Ronald Reagan im Februar 1984

Neben der Reisetätigkeit waren insbesondere die persönlichen Treffen mit weltlichen Machthabern und religiösen Würdenträgern, mit denen der Papst oftmals Zeichen setzte, charakteristisch für die Amtszeit von Johannes Paul II. So empfing er 1982 den Palästinenserführer Jassir Arafat. Kurz nach dem Fall der Berliner Mauer – am 1. Dezember 1989 – traf er Michail Gorbatschow – es war das einzige Mal, dass ein Generalsekretär der KPdSU von einem Papst empfangen wurde. Im März 1999 fand im Vatikan ein Treffen des Papstes mit dem iranischen Präsident Mohammed Chatami statt, was als historisches Ereignis bewertet wurde.[9]

Am 27. Oktober 1986 kam es in Assisi zu einem von Johannes Paul II. initiierten interreligiösen Friedenstreffen mit hochrangigen Vertretern der großen Weltreligionen, bei dem der Papst alle Religionen einlud, jeder in seiner Tradition, für den Frieden zu beten. Unter dem Eindruck der Anschläge des 11. Septembers und des darauf folgenden Kriegs in Afghanistan organisierte der Papst am 24. Januar 2002 ein zweites Gebet der Weltreligionen.

Heiliges Jahr 2000

Mit der Öffnung der Heiligen Pforte am 25. Dezember 1999 begannen die Feierlichkeiten für das Heilige Jahr 2000.

Am 12. März 2000 sprach der Papst ein *„Mea culpa"* für die Kirche wegen ihrer Verfehlungen wie Glaubenskriege, Judenverfolgungen und Inquisition aus. Acht Tage später begann eine Reise nach Israel, Jordanien und in die Palästinensergebiete, bei welcher er die Holocaust-Gedenkstätte Yad Vashem in Israel besuchte und an der Klagemauer betete.

Im Heiligen Jahr wurde das bis dahin vom Vatikan geheimgehaltene sogenannte „Dritte Geheimnis von Fatima" durch Kurienkardinal Joseph Ratzinger der Öffentlichkeit bekanntgegeben. Darin soll die Erscheinung von Fatima das Attentat auf einen Papst vorhergesagt haben, eine Prophezeiung, die Johannes Paul II. auf sich bezog.

Das Heilige Jahr war zugleich das Jahr des 80. Geburtstags Johannes Pauls II. Zu diesem Anlass am 18. Mai 2000 widmete der Literaturnobelpreisträger Czesław Miłosz dem Papst eine Ode.[10]

Krankheit und Tod

Der kränkliche Papst Johannes Paul II. am 22. September 2004

Bereits in den 90er Jahren musste sich Johannes Paul II. mehreren Operationen unterziehen. Am 15. Juli 1992 wurde ihm ein gutartiger Tumor aus dem Dickdarm entfernt. Am 29. April 1994 brach er sich bei einem Sturz im Badezimmer den Oberschenkel und musste sich daraufhin ein künstliches Hüftgelenk einsetzen lassen.

In seinen letzten Lebensjahren war Johannes Paul II. in seiner Amtsführung zunehmend durch die Parkinson-Krankheit mit Lähmungserscheinungen und Schwierigkeiten beim Sprechen beeinträchtigt. Er litt zudem an den Folgen des Attentats und an einer schweren Arthritis im rechten Knie als Folge der Hüftoperation. Wiederholt schlugen Außenstehende einen Rücktritt des Papstes vor. Johannes Paul II. erklärte indes, er lege die Dauer seiner Amtszeit in Gottes Hände.

Anfang 2005 verschlechterte sich der Gesundheitszustand des 84-Jährigen dramatisch. Am 1. Februar 2005 wurde er mit einer Kehlkopfentzündung und Atemnot in die Gemelli-Klinik in Rom gebracht. Nach seiner Entlassung am 10. Februar musste er am 24. Februar abermals eingeliefert und ein Luftröhrenschnitt vorgenommen werden. Am 13. März 2005 kehrte Johannes Paul II. in den Vatikan zurück. Er zeigte sich am 20. und 23. März am Fenster seines Arbeitszimmers den Gläubigen auf dem Petersplatz und spendete von dort am Ostersonntag (27. März) stumm den Segen *Urbi et Orbi.* Am 30. März 2005 ließ sich der Papst dort zum letzten Mal sehen. Er wurde bereits durch eine ständige Sonde in der Nase künstlich ernährt.

Am folgenden Tag fieberte er und empfing die Krankensalbung. Am 2. April 2005 gegen 15:30 Uhr sprach er mit sehr schwacher und gebrochener Stimme auf Polnisch seine letzten Worte: *„Lasst mich ins Haus des Vaters gehen!"*. Kurz vor 19 Uhr fiel er ins Koma. Ab 20 Uhr zelebrierte Stanisław Dziwisz unter Mitwirkung von Kardinal Marian Jaworski, Stanisław Ryłko und Mieczysław Mokrzycki eine Messe am Fußende des Krankenbetts. „Um 21:37 Uhr entschlief Johannes Paul II. im Herrn", heißt es in dem ausführlichen Bericht über die letzten Tage des Papstes, den der Vatikan am 19. September 2005 als Supplementum zu seinem Amtsblatt, den Acta Apostolicae Sedis – Commentarium Officiale, vom 17. April 2005 veröffentlichte.[11]

Standpunkte und Wirken

Morallehre

Sexualmoral

Johannes Paul II. wich nicht von der vor allem von Pius XI. in der Enzyklika *Casti connubii* begründeten und seither von jedem Papst vertretenen Lehre ab, wonach künstliche Empfängnisverhütung den Katholiken nicht erlaubt ist. Er folgte hierin der traditionellen Lehre der katholischen Kirche, wonach Sexualität gleichermaßen dem Zweck der Fortpflanzung dient wie dazu, den Partnern Freude zu bereiten; wenn nur einer der beiden Zwecke gewollt sei (also etwa die Fortpflanzung willentlich ausgeschlossen ist), handele es sich um „fehlgeleitete Sexualität". Schon vor seiner Amtszeit als Papst hatte er maßgeblich an der Enzyklika *Humanae Vitae* Pauls VI. mitgewirkt, in der die katholische Ehelehre dargestellt und u. a. die Antibabypille als Verhütungsmittel abgelehnt wird.

In der Enzyklika *Evangelium Vitae* lehnte Johannes Paul II. andere Eingriffe in die menschliche Fortpflanzungsfähigkeit, wie etwa die Sterilisation, ab und vertrat die Auffassung, dass die Verwendung von Kondomen zur Vorbeugung von sexuell übertragbaren Krankheiten nicht erlaubt sei. Stattdessen empfahl er die sexuelle Enthaltsamkeit. Wegen dieser Stellungnahme sah sich Johannes Paul II. häufig der Kritik von Seiten der UNO sowie anderer Organisationen und Gruppierungen ausgesetzt und wurde von Kirchenkritikern (etwa Uta Ranke-Heinemann) für die Ausbreitung der Immunschwächekrankheit AIDS mitverantwortlich gemacht. Verteidiger der päpstlichen Linie halten dagegen, dass die HIV-Infektionsraten in nicht überwiegend katholischen Ländern am höchsten sind und die Ausbreitung von AIDS in Afrika vor allem an der mangelhaften gesundheitlichen Aufklärung liegt.

In Bezug auf Homosexualität empfahl Johannes Paul Lesben und Schwulen sexuelle Enthaltsamkeit. Von römisch-katholischen Politikern erwartete er die Ablehnung einer rechtlichen Anerkennung homosexueller Partnerschaften, unabhängig davon, ob sie in Form einer Ausweitung des Ehebegriffs auf gleichgeschlechtliche Partnerschaften erfolge oder durch Einführung des Rechtsinstituts einer eingetragenen Partnerschaft.[12]

Abtreibung

Im Buch *Erinnerung und Identität – Gespräche an der Schwelle zwischen den Jahrtausenden* rief Johannes Paul II. dazu auf, Gesetze zum Thema Abtreibung zu hinterfragen. Parlamente, die den Frauen durch Gesetz eine Abtreibung ermöglichten, sollten sich bewusst sein, dass sie damit ihre Befugnisse überschritten und in offenen Konflikt mit dem Gesetz Gottes und dem Naturrecht gerieten.

In den 1990er Jahren sprach sich Johannes Paul II. mit Nachdruck gegen eine Änderung der Gesetze in seinem Heimatland Polen aus. Abtreibung sei Mord.

Unter Berufung auf sein Jurisdiktionsprimat veranlasste der Papst die deutschen Bischöfe im Herbst 1999, bei Schwangerenberatungen durch kirchliche Träger das Ausstellen einer Beratungsbescheinigung zu verbieten, da sie in Deutschland Voraussetzung für eine straffreie Abtreibung bis zum dritten Schwangerschaftsmonat sei. Beratungsstellen in kirchlicher Trägerschaft verloren damit ihre staatliche Anerkennung. Die Mehrheit der deutschen Bischöfe wollte die katholische Schwangerenberatung innerhalb des staatlichen Systems nicht aufgeben und hatte seit 1995 vergeblich versucht, ihren Argumenten beim Papst Gehör zu verschaffen. Die Bischöfe vertraten die Meinung, die katholische Schwangerenberatung sei ein wichtiger Beitrag zum Schutz von ungeborenem Leben. Nach dem Ausstieg der katholischen Kirche aus dem staatlichen System kam es zur Gründung des Vereins Donum Vitae. Er bietet anstelle der bisherigen kirchlichen Träger eine „katholisch geprägte Schwangerenberatung" innerhalb des staatlichen Systems an.

Ökologie

Für Johannes Paul II. hatte die fortschreitende Umweltzerstörung eine moralische Komponente. Sie sei eine Konsequenz der aus der Balance geratenen Beziehung zwischen Mensch und Schöpfung. Nur durch die Rückbesinnung auf christliche Werte sei die ökologische Katastrophe zu verhindern. Ursachen der ökologischen Probleme waren für ihn nicht nur politische Hindernisse wie Formen von übertriebenem Nationalismus und ökonomische Interessen, sondern insbesondere die mangelnde Solidarität der Menschen. Johannes Paul II. forderte immer wieder, Verantwortung für sich, für andere und für die Erde zu übernehmen.[13] Er betonte deshalb die „ökologische Berufung" aller Christen, die eine Umkehr zu ökologisch tragfähigen Lebensstilen und globaler Solidarität als ein unverzichtbares Glaubens- und Lebenszeugnis in der modernen Gesellschaft propagiere. Sie sei Ausdruck der Ehrfurcht vor dem Schöpfer und zugleich der Verantwortung für künftige Generationen.[14]

Sozialethik

Neben seiner Kritik am Kommunismus und Sozialismus war Johannes Paul II. ein scharfer Kritiker des neoliberalen Kapitalismus. Er nahm energisch für die Rechte der Armen und der Arbeitenden Partei und griff Ausbeutung und Verletzung von Menschenrechten an, beispielsweise in seinen Enzykliken *Laborem Exercens* (1981) und *Sollicitudo Rei Socialis* (1987). Die Enzyklika *Centesimus Annus* von 1991, veröffentlicht aus Anlass des 100. Jahrestags der ersten päpstlichen Sozialenzyklika *Rerum Novarum*, akzeptiert die soziale Marktwirtschaft mit größerer Deutlichkeit als frühere Dokumente. Im Kompendium der Soziallehre der Kirche, vom Vatikan 2004 herausgegeben (deutsche Übersetzung 2006), werden die Grundzüge der katholischen Soziallehre in knapper Form zusammengefasst. Nach Johannes Paul II. ist die Sozialordnung aber nur Teilaspekt einer „Zivilisation der Liebe", die er, anknüpfend an eine Formulierung Papst Pauls VI. von 1975, insbesondere der Jugend als Programm empfiehlt.

Interreligiöser Dialog

Johannes Paul II. setzte sich stärker als seine Vorgänger für den interreligiösen Dialog ein, insbesondere für den Dialog mit dem Judentum, dessen Vertreter er als die „älteren Geschwister der Christen" bezeichnete, und dem Islam. Sichtbaren Ausdruck fanden diese Bemühungen in den beiden von ihm organisierten *Weltgebetstreffen der Religionen* 1986 und 2002 in Assisi. Während der von ihm ins Leben gerufenen Weltjugendtage betonte Johannes Paul II. den Dialog zwischen den Kulturen und Religionen. Am 13. April 1986 besuchte Johannes Paul II. die große Synagoge von Rom und betrat damit als erster Papst überhaupt eine Synagoge, am 6. Mai 2001 mit der Umayyaden-Moschee in Damaskus als erster Papst eine Moschee.

Am 16. März 1998 veröffentlichte die Vatikanische Kommission für die religiösen Beziehungen zu den Juden das Dokument *Nachdenken über die Shoa* und beklagte die Mitschuld von Christen am Holocaust. Das päpstliche *mea culpa* am 12. März 2000 wurde als historischer Akt bezeichnet. Johannes Paul II. hatte darin kirchliche Verfehlungen im Zusammenhang von Glaubenskriegen, Judenverfolgungen und Inquisition eingestanden. Auf seiner Pilgerreise nach Israel, Jordanien und in die Palästinensergebiete im Jahr 2000 betete der Papst an der Klagemauer, dem bedeutendsten jüdischen Heiligtum, und besuchte die Holocaust-Gedenkstätte Yad Vashem. Bereits früher, am 30. Dezember 1993, konnte in Jerusalem der Grundlagenvertrag des Vatikans mit Israel über die Aufnahme diplomatischer Beziehungen unterzeichnet werden.

Eine Freundschaft hat Papst Johannes Paul II. mit dem XIV. Dalai Lama, dem höchsten Vertreter des tibetischen Buddhismus, verbunden. Der Dalai Lama war oftmals im Vatikan zu Gast und gilt als persönlicher Freund des Christentums.[15] [16] [17]

Ökumene

Ein besonderes Anliegen des Papstes war die Ökumene.

Bei seinem ersten Deutschlandbesuch 1980 wurde eine katholisch-lutherische Kommission eingesetzt, deren Arbeit in die 1999 von der römisch-katholischen Kirche und dem Lutherischen Weltbund in Augsburg unterzeichnete gemeinsame Erklärung zur Rechtfertigungslehre mündete. Johannes Paul II. war der erste Papst, der eine lutherische Kirche besuchte. Am 11. Dezember 1983 kam er auf Einladung der evangelisch-lutherischen Gemeinde in die evangelische Christuskirche in Rom[18] und dankte für die *Solidarität aller Christen des Advents*[19] . Er bekräftigte dabei, dass wegen der unterschiedlichen Auffassungen über die Natur der Eucharistie bzw. des Abendmahls eine Interkommunion zurzeit nicht möglich sei. Er verbot daher im am 17. April 2003 veröffentlichten Dokument *Ecclesia de Eucharistia* die Teilnahme von katholischen Priestern an protestantischen Abendmahlsfeiern und die Einladung von evangelischen Christen zur heiligen Kommunion. Dies führte bei katholischen Gruppierungen zu heftiger Kritik. Auch Vertreter anderer Konfessionen bedauerten die Aussagen des Schreibens.

Die von der Kongregation für die Glaubenslehre verfasste und von Johannes Paul II. bestätigte Erklärung *Dominus Jesus*, in der den protestantischen Kirchen der Rang als gleichberechtigte Partner der katholischen Kirche abgesprochen wurde, ist im konfessionell gemischten Deutschland kritisiert worden. Seitens der evangelischen Kirchen wurde allerdings eingeräumt, dass die Erklärung *Dominus Jesus* inhaltlich keine neue Position darstellte. In *Dominus Jesus* wird dargelegt, dass sich die katholische Kirche in einem sakramentalen Sinne als Kirche versteht, und sich hierin von manchen evangelischen Kirchen unterscheidet.

Zu den orthodoxen Kirchen kam es im Pontifikat Johannes Pauls II. zu Annäherungen: die Bemühungen des Papstes, nach Moskau zu reisen, um dort den wichtigsten Vertreter der Orthodoxie – den russischen Patriarchen Alexej II. – zu treffen, scheiterten an dessen Ablehnung. Patriarch Alexej warf der katholischen Kirche vor, in orthodoxen Glaubensregionen zu missionieren.

Innerkirchliche Angelegenheiten

Johannes Paul II. galt in innerkirchlichen Angelegenheiten als konservativ. Kritiker warfen ihm vor, er lasse missliebige Theologen, Priester, Ordensleute und Bischöfe „inquisitorisch verfolgen", beispielsweise Tissa Balasuriya (Sri Lanka), Leonardo Boff (Brasilien), György Bulányi (Ungarn), Edward Schillebeeckx (Belgien), Bischof Jacques Gaillot (1995 als Bischof von Évreux abgesetzt und zum Titularbischof des nicht mehr existierenden Bistums Partenia ernannt) und Erzbischof Raymond Hunthausen (USA; 1991 in den Ruhestand versetzt). Den seit 1973 erfolgten Versuchen der kongolesischen Bischöfe zur Inkulturation von einheimischen Elementen in die Liturgie stand er hingegen offen gegenüber und promulgierte 1988 den Zairischen Messritus.

Aus Anlass des UNO-Jahres der Jugend verkündete Johannes Paul II. 1985 die Einrichtung des Weltjugendtags, der im darauffolgenden Jahr erstmals stattfand und dann zu einem regelmäßig wiederkehrenden Ereignis wurde.[20] Johannes Paul II. ließ am 17. Mai 1993 den ersten Weltkatechismus seit 1566 herausgeben, in dem Glaubenslehre und Moral behandelt werden.

Als Meilenstein im Verhältnis der katholischen Kirche zur neuzeitlichen Wissenschaft gilt die öffentliche Rehabilitation von Galileo Galilei am 2. November 1992. Sie wurde von dem Bericht der Päpstlichen Akademie der Wissenschaften vorbereitet, die – von Johannes Paul II. 1979 beauftragt – ihre Untersuchungsergebnisse am 31. Oktober 1992 an den Papst übergab.

Heilig- und Seligsprechungen

Johannes Paul II. hat in seiner Amtszeit 1338 Selig- und 482 Heiligsprechungen vorgenommen. Die Zahl aller von seinen Vorgängern in den letzten 400 Jahren insgesamt heilig gesprochenen Personen ist nur etwa halb so hoch. Die erste Heilige des neuen Jahrtausends ist die polnische Nonne Maria Faustyna Kowalska – sie gilt als „Apostelin der Barmherzigkeit Gottes". Anlässlich ihrer Heiligsprechung am Weißen Sonntag des Heiligen Jahres 2000 erklärte Johannes Paul II. den Weißen Sonntag zum „Sonntag der Göttlichen Barmherzigkeit". Johannes Paul II. sprach unter anderen die italienische Kinderärztin Gianna Beretta Molla heilig – sie gilt als Vorbild der Abtreibungsgegner. Auf Kritik, auch innerhalb der Kirche, stieß die Selig- und Heiligsprechung des umstrittenen Opus-Dei-Gründers Josemaria Escrivá. Wie seit Paul VI. üblich, stand Johannes Paul II. auch den Seligsprechungsfeiern persönlich vor. Sein Nachfolger Benedikt XVI. überließ diese Aufgabe wieder dem Präfekten der Kongregation für die Selig- und Heiligsprechungen.

Bischofsernennungen

Mit umstrittenen Bischofsernennungen schuf Johannes Paul II. immer wieder Konflikte zwischen einem Teil der Gläubigen und der Amtskirche. Zu nennen sind beispielsweise die Ernennung von Wolfgang Haas in Chur und später in Liechtenstein, von Kurt Krenn in St. Pölten und Hans Hermann Groër in Wien. Als Johannes Paul II. 1988 gegen den Widerstand des Domkapitels Joachim Meisner als neuen Erzbischof von Köln ernannte, protestierten mehr als 160 katholische Hochschullehrer öffentlich gegen den „römischen Zentralismus".

Zulassung von Frauen zu den Weiheämtern

Johannes Paul II. wich nicht von der kirchlichen Sakramentenlehre ab, wonach das Weihesakrament gültig nur ein getaufter Mann empfängt. Kritiker fordern dagegen den gleichberechtigten Zugang von Frauen zum Weiheamt. Johannes Paul II. bekräftigte die Auffassung der Kirche in seinem Schreiben Ordinatio Sacerdotalis, in dem er erklärte, dass die katholische Kirche keinerlei Vollmacht besitze, Frauen zu Priestern zu weihen, und sich alle Gläubigen endgültig an diese Entscheidung zu halten hätten. Diese definitive Haltung schließt für katholische Theologen ein Verbot der Fortführung der Diskussion mit ein.

Von diesem Verbot nominell nicht betroffen ist die Diskussion über die Zulassung von Frauen zum Diakonat. Daher wird die Frage, ob aus *Ordinatio Sacerdotalis* automatisch abgeleitet werden kann, dass die Kirche sich auch außerstande sieht, Frauen zum Diakonat zuzulassen, weiter diskutiert.

Weltpolitik

Wende in Polen

Johannes Paul II. wird ein großer Einfluss auf die Demokratisierung seines Heimatlandes Polen zugeschrieben. Im stark katholisch geprägten Polen (90 % der Polen sind römisch-katholisch, davon sind ca. 70 % praktizierend) besaß seine Meinung sehr hohes moralisches Gewicht. Entsprechend stärkte er mit seiner offenen Parteinahme für die antikommunistische Gewerkschaft Solidarność die Opposition. Ihr ehemaliger Anführer Lech Wałęsa sagte an den Feierlichkeiten zum 25-jährigen Jubiläum der Organisation, Johannes Paul II. habe seinerzeit mit der Aufforderung an die Polen, alle Angst zu vergessen, das Land aufgeweckt.[21]

Schon die Wahl zum Papst sorgte für *Ermutigungswellen in Polen* und Beunruhigung beim Kreml.[22]

Von Bedeutung waren insbesondere die Polenbesuche des Papstes. Die erste Reise 1979, bei welcher rund ein Viertel der polnischen Bevölkerung den Papst sah, wurde faktisch zu einer politischen Kundgebung. Am 15. Januar 1981 empfing Johannes Paul II. eine von Lech Wałęsa angeführte Delegation der Solidarność im Vatikan zu einer Audienz.[23] Auf der zweiten Polenreise 1983, welche während des Kriegsrechts stattfand, forderte Johannes Paul II. von der Staatsspitze die rasche Umsetzung der Sozialreformen und traf wiederum Lech Wałęsa, obwohl dieser faktisch unter Hausarrest stand und Solidarność inzwischen verboten war. Bei seiner dritten Polenreise 1987 erteilte der Papst Lech Wałęsa und seiner Familie die Kommunion. Vom Staats- und Parteichef Wojciech Jaruzelski verlangte er bei diesem Besuch die Einhaltung der Menschenrechte und kritisierte in einer Rede das Verbot der Solidarność.[24] Durch die Beziehungen Johannes Pauls II. sollen Unterstützungsgelder des CIA über den Vatikan an die Solidarność geflossen sein.[25]

Die Stadt Berlin schenkte Johannes Paul II. zum Dank für seinen Beitrag zum Fall des Eisernen Vorhangs ein Stück der Berliner Mauer, das heute in den Vatikanischen Gärten ausgestellt ist. Michael Gorbatschow schrieb in seinen Memoiren, die Geschehnisse in Osteuropa wären ohne Johannes Paul II. nicht möglich gewesen.[25]

Mittel- und Südamerika

Für Kritik sorgte der Papstbesuch 1987 in Chile, bei dem Johannes Paul II. General Augusto Pinochet traf, der für zahlreiche Menschenrechtsverletzungen in seinem Land verantwortlich war, darunter zahlreiche Fälle von schwerer Folter und des *Verschwindenlassens* von Menschen.

Johannes Paul II. zeigte wenig Verständnis für die Anliegen der insbesondere in Mittel- und Südamerika beheimateten Befreiungstheologie [25] . Einer deren Vertreter, Oscar Romero, kehrte enttäuscht von einer Papstaudienz zurück und kommentierte seine Begegnung mit den Worten: „Der Papst versteht mich nicht!“ [26] Der Papst hatte die Befreiungstheologie nicht nur auf Grund seiner Erfahrungen im kommunistischen Polen wegen ihres Bündnisses mit marxistischen Strömungen abgelehnt. Er begründete seine Ablehnung auch mit schwerwiegenden theologischen Bedenken gegen ein auf das Diesseits reduziertes Verständnis von Befreiung und gegen deren gewaltsame Durchsetzung im Sinn des Klassenkampfes begründet.

Im Grenzkonflikt zwischen Chile und Argentinien am Beagle-Kanal 1978 vermittelte Johannes Paul II. erfolgreich. *Ausführlicher hierzu: Beagle-Konflikt und Päpstliche Vermittlung im Beagle-Konflikt.*

Papst Johannes Paul II. setzte sich sehr für die Kirche in Lateinamerika ein. Luigi Accattoli meint dazu in der Biografie: "Johannes Paul verlegte den Schwerpunkt der Kirche [...] in den Süden der Welt."[27]

Engagement gegen Krieg

Johannes Paul II. nahm mit großem Engagement öffentlich gegen Krieg Stellung. Im Jahr 1999 sprach er sich etwa gegen den Kosovo-Krieg aus. Wiederholt äußerte er seine Ablehnung des Dritten Golfkriegs; beispielsweise kritisierte er die Irak-Politik der USA bei der Audienz von George W. Bush im Juni 2004.[28]

Ehrungen und Auszeichnungen

Das US-Magazin TIME kürte Johannes Paul II. 1994 zum *Mann des Jahres*. Im Jahr 2003 war Johannes Paul II. für den Friedensnobelpreis nominiert.[29] Am 24. März 2004 wurde ihm in Rom der außerordentliche Karlspreis der Stadt Aachen für seinen Einsatz für Frieden, Freiheit und Demokratie in Europa verliehen. 2004 erhielt er den Europäischen Friedenspreis der Stiftung für Ökologie und Demokratie in Anerkennung seines Engagements für den Weltfrieden und seines Beitrages am Zusammenbruchs des Kommunismus und des Falls der deutsch-deutschen Mauer. Im Juni 2004 verlieh George W. Bush ihm die Freiheitsmedaille, die höchste zivile Auszeichnung der USA. Er ist Ehrenbürger von Stettin [30] und Warschau.

Postume Würdigung

Beisetzung

Nach dem Tod des Papstes kam es, begleitet von einer umfangreichen Berichterstattung der Medien, zu Versammlungen in vielen größeren Metropolen und schließlich zu einer riesigen Pilgerbewegung nach Rom, wo am Abend des 4. April 2005 der Leichnam aufgebahrt wurde. Bereits während des ersten Tages erwiesen eine halbe Million Menschen dem verstorbenen Papst die letzte Ehre.

Requiem am 8. April 2005

Zu den Exequien am 8. April 2005 auf dem Petersplatz kamen 3,5 Millionen Pilger nach Rom, viele davon aus Polen. 200 Staats- und Regierungschefs und hohe geistliche Vertreter verschiedener Religionen wohnten der Feier bei. Zu den Gästen zählten unter anderem der Ökumenische Patriarch von Konstantinopel Bartholomäus I., der Metropolit von Smolensk und Kaliningrad als Vertreter des Außenamtes der Russisch-Orthodoxen Kirche, der Gründer und Prior der Gemeinschaft von Taizé Frère Roger Schutz sowie der damalige Papst der Koptischen Kirche, Schenuda III..

Die Exequien auf dem Petersplatz wurden vom Dekan des Kardinalskollegiums, dem deutschen Kardinal Joseph Ratzinger, zelebriert, der wenige Tage später zum Nachfolger Johannes Pauls II. gewählt wurde (Benedikt XVI.). In seiner Predigt würdigte er das Leben und das Pontifikat Karol Wojtyłas. Die Exequien und das Heraustragen des Sarges wurden von Akklamationen der Pilger begleitet. Sprechchöre und Spruchbänder zahlreicher Pilger forderten die sofortige Heiligsprechung Johannes Pauls II. Es war eine der größten kirchlichen Begräbnisfeiern in der Geschichte des Christentums.

Johannes Paul II. wurde unter Ausschluss der Öffentlichkeit in der Papstgruft des Petersdoms an der Stelle beigesetzt, die bis zu dessen Umbettung 2001 Grabstätte Johannes XXIII. gewesen war. Vor und nach dem Tod Johannes Pauls II. hatte es Gerüchte gegeben, der Papst wolle in seiner polnischen Heimat beigesetzt werden. Auch über die Überführung seines Herzens nach Polen wurde spekuliert. Die Entscheidung über die Bestattungsumstände überließ er in seinem Testament jedoch dem Kardinalskollegium, das sich für die Beisetzung in Rom entschied.

Erste Ruhestätte Johannes Pauls II. (2005 bis 2011)

Seligsprechungsprozess

Wenige Wochen nach dem Tod des Papstes, am 13. Mai 2005, dem Jahrestag des Attentats von 1981, gab Papst Benedikt XVI. die Absicht bekannt, den Seligsprechungsprozess baldmöglichst einzuleiten. Er setzte für diese Entscheidung die kirchenrechtlichen Bestimmungen außer Kraft, nach denen dieser Prozess frühestens fünf Jahre nach dem Tod des Betreffenden eröffnet werden soll. So war es möglich, den Prozess bereits am 28. Juni 2005 in der feierlichen Vesper zum Hochfest Petrus und Paulus in der Lateranbasilika zu eröffnen. Für die Durchführung des Seligsprechungsprozesses war die Diözese Rom verantwortlich.

Kurz vor dem ersten Todestag beendete das Krakauer Tribunal seine Untersuchungen über das Leben des Papstes bis zu seiner Wahl. Anschließend begann ein Tribunal in Rom mit der Aufarbeitung seines Pontifikats. Als das für die Seligsprechung erforderliche Wunder kam die Spontanheilung der französischen Ordensschwester Marie Simon-Pierre von der Parkinson-Krankheit in Frage.

Der auf diözesaner Ebene ablaufende Teil des Seligsprechungsprozesses wurde am 2. April 2007 in der Lateranbasilika abgeschlossen. Die dabei gesammelten Dokumente wurden von der vatikanischen Kommission ausgewertet, insbesondere wurde das angebliche Wunder auf seine Glaubwürdigkeit überprüft.[31] Am 19. Dezember 2009 wurde ihm der Ehrentitel „Ehrwürdiger Diener Gottes" (*Venerabilis Dei servus*) zuerkannt, der als Vorstufe zur Seligsprechung gilt. Hierdurch wurde sein *heroischer Tugendgrad* festgestellt. [32] [33]

Der Seligsprechungsprozess geriet 2010 ins Stocken. Die nahe und freundschaftliche Verbindung des Papstes zum nachweislich pädokriminellen Marcial Maciel, dem Ordensgründer der Legionäre Christi, wurden zum Hindernis des Verfahrens, wie Berichte der internationalen Presse[34] [35] darlegten. Demnach hat Papst Johannes Paul II. den Ordensmann noch gelobt und gefördert, als dessen sexuellen Übergriffe an minderjährigen Kindern bereits bekannt gewesen sein sollen. Erst sein Nachfolger Benedikt XVI. hat den Machenschaften des Ordensgründers ein Ende gesetzt.

Am 14. Januar 2011 teilte der Präfekt der Kongregation für die Selig- und Heiligsprechungsprozesse, Kardinal Angelo Amato, in Rom mit, dass Papst Johannes Paul II. am 1. Mai 2011 seliggesprochen werden soll.

Seligsprechung

Seligsprechung des Papstes Johannes Paul II.

Am 1. Mai 2011 sprach Papst Benedikt XVI. bei einer feierlichen Heiligen Messe auf dem Petersplatz Papst Johannes Paul II. selig und nahm ihn in das Verzeichnis der Heiligen und Seligen auf. Nach dem Seligsprechungsritus brachten zwei Ordensschwestern, eine davon Marie Simon-Pierre, deren Heilung im Seligsprechungsprozess als Wunder auf die Fürsprache des Seligen anerkannt worden war, ein Reliquar mit einer Ampulle, die etwas Blut von Johannes Paul II. enthält, zum Altar. Unter den hunderttausenden Menschen auf dem Petersplatz waren etwa 90 hochrangige Delegationen aus aller Welt, darunter zahlreiche Staatspräsidenten, sowie Vertreter von Königshäusern. Pilger, die auf dem Petersplatz keinen Platz mehr fanden, verfolgten die Seligsprechung auf Großleinwänden in der italienischen Hauptstadt. Insgesamt kamen etwa 1,5 Millionen Pilger nach Rom. Bereits vor der Messe war der Sarg Johannes Pauls II. vor der Confessio im Petersdom aufgebahrt worden. Papst Benedikt XVI. betete dort nach dem Gottesdienst für kurze Zeit, danach hatten die Gläubigen Gelegenheit, am Sarg vorbeizudefilieren. Bis zum Abend des 2. Mai 2011 zählte man 350.000 [36] Menschen, die den Sarg besucht hatten. Der schlichte Holzsarg mit den sterblichen Überresten Papst Johannes Pauls II. wurde anschließend in einer kurzen Zeremonie in der Sankt-Sebastianus-Kapelle im rechten Seitenschiff des Petersdoms beigesetzt. Als Gedenktag in der Liturgie der römisch-katholischen Kirche (zunächst in den Regionalkalendern für Polen und die Stadt Rom) wurde der 22. Oktober, der Tag seiner Inthronisation im Jahre 1978, festgesetzt.

Letzte Ruhestätte des Seligen in der St. Sebastianus-Kapelle des Petersdoms in Rom 2011

Kritik an der Seligsprechung

Die Seligsprechung wird von Vertretern von Opfern kirchlichen sexuellen Missbrauchs wie SNAP und netzwerkB kritisiert.[37] Norbert Denef äußerte zur Seligsprechung: „Nicht nur für mich persönlich, sondern weltweit für viele Opfer, die als Mädchen und Jungen in der Amtszeit Papst Johannes Pauls II. missbraucht wurden, ist diese Seligsprechung Salz in ihren tiefen, noch immer frischen Wunden. Auch während seines Pontifikats wurden Verbrechen nicht nur in Deutschland, sondern in vielen anderen Ländern, darunter den USA und Mexiko, vertuscht und verschwiegen. Anstatt einen toten Papst seligzusprechen, sollte die Kirche den Opfern helfen."[38] [39] Hans Küng warf ihm vor, in innerkirchlichen Angelegenheiten „die Menschenrechte von Frauen und Theologen unterdrückt" zu haben; „der zwiespältigste Papst des 20. Jahrhunderts“ tauge nicht als Vorbild.[40]

Bernard Fellay von der Priesterbruderschaft St. Pius X. und andere Ultrakonservative kritisieren vor allem die „ärgerniserregendsten“ Unternehmungen Johannes Pauls II. wie „Küssen des Korans“ am 14. Mai 1999 und seine „zahlreichen Zeremonien der Vergebungsbitte“ wie die *Mea culpa* vom 12. März 2000.[41]

Robert Leicht kritisiert das Außerkraftsetzen der üblichen Fünfjahresfrist und äußert Kritik an dem zur Begründung herangezogenen Wunder.[42]

Verfilmungen

Das Leben von Johannes Paul II. wurde mehrfach verfilmt:

- 1981: *Aus einem fernen Land – Papst Johannes Paul II.* – Regie: Krzysztof Zanussi
- 2004: *Papst Johannes Paul II: Sein Leben – Seine Zeit – Sein Wirken* (Biografische Dokumentation mit Michael Gorbatschow, Henry Kissinger, Wojciech Jaruzelski, Lech Wałęsa, Zbigniew Brzezinski, u.a.)
- 2005: *Karol – Ein Mann, der Papst wurde* (mit Piotr Adamczyk als Johannes Paul II.) – italienische Fernsehproduktion
- 2005: *Papst Johannes Paul II.* (mit Jon Voight und Cary Elwes als Johannes Paul II.)
- 2005: *Fürchtet Euch Nicht! – Das Leben Papst Johannes Pauls II.* (mit Thomas Kretschmann als Johannes Paul II.)
- 2006: *Karol – Papst und Mensch* (Fortsetzung von 'Karol – Ein Mann, der Papst wurde', mit Piotr Adamczyk als Johannes Paul II.) – italienische Fernsehproduktion, Premiere am 30. März 2006 im Vatikan.
- 2006: *Karol Wojtyła – Geheimnisse eines Papstes* (mit Michael Mendl und Devid Striesow als Johannes Paul II.)
- 2007: *El baño del Papa – Das große Geschäft* - Regie: Enrique Fernández und César Charlone
- 2011: *Der Kardinal* (TV-Film über Kardinal Franz König, mit Volkmar Kleinert als Johannes Paul II.)

Schriften

Bücher und Musik

- *Jeremiasz.* Drama, 1940, deutsche Ausgabe: *Jeremia. Ein nationales Drama in drei Teilen.* Bonifatius Verlag, Paderborn 1991, ISBN 3-87088-922-5
- *Doctrina de fide apud S. Joannem a Cruce.* Dissertation, 1948, deutsche Ausgabe: *Der Glaube bei Johannes vom Kreuz.* Verlag Christliche Innerlichkeit, Wien 1998, ISBN 3-901797-05-X
- *Liebe und Verantwortung* (über Ehe, Familie und Sexualität), 1960, deutsche Neuausgabe Kleinhain 2. Aufl. 2010 (Verlag St. Josef), ISBN 978-3-901853-14-2
- *Der Laden des Goldschmieds. Szenische Meditationen über Liebe und Ehe*, 1960, deutsche Neuausgabe Herder Verlag 1983, ISBN 978-3-451-18875-6
- *Person und Tat*, 1969, dt. Freiburg-Basel-Wien 1981, ISBN 3-451-18709-4
- *Römisches Triptychon. Meditationen*, 2003, Vatikanischer Verlag (in italienischer Sprache), ISBN 88-209-7451-7
- *Sehnsucht nach Glück*, 2003, Herder-Verlag, Freiburg
- *Auf, lasst uns gehen!*, 2004, ISBN 3-89897-045-0
- *Versöhnung zwischen den Welten*, Im Gespräch mit den Religionen, 2004, ISBN 978-3-87996-590-8
- *Erinnerung und Identität* – Gespräche an der Schwelle zwischen den Jahrtausenden, 2005, ISBN 3-89897-170-8
- Das Musikalbum *Abbà Pater*[43]
- *Wer ist der Mensch? Skizzen zur Anthropologie*, eingeleitet und übersetzt von Hanns-Gregor Nissing, Pneuma Verlag, München 2011, ISBN 978-3-942013-06-2

Enzykliken

- 1979: *Redemptor hominis* – Zum Beginn seines Päpstlichen Amtes
- 1980: *Dives in misericordia* – Über das göttliche Erbarmen
- 1981: *Laborem exercens* – Über die menschliche Arbeit zum 90. Jahrestag der Enzyklika *Rerum Novarum*
- 1985: *Slavorum Apostoli* – In Erinnerung an das Werk der Evangelisierung der Heiligen Cyrill und Methodius vor 1100 Jahren
- 1986: *Dominum et Vivificantem* – Über den heiligen Geist im Leben der Kirche und der Welt
- 1987: *Redemptoris Mater* – Über die Selige Jungfrau Maria im Leben der Pilgernden Kirche
- 1987: *Sollicitudo rei socialis* – Zwanzig Jahre nach der Enzyklika *Populorum Progressio* (Paul VI.)
- 1990: *Redemptoris Missio* – Zur fortdauernden Gültigkeit des missionarischen Auftrages
- 1991: *Centesimus annus* – Zum 100. Jahrestag von *Rerum Novarum*
- 1993: *Veritatis Splendor* – Grundlegende Fragen der kirchlichen Morallehre
- 1995: *Evangelium Vitae* – Über den Wert und die Unantastbarkeit des menschlichen Lebens
- 1995: *Ut unum sint* – Über den Einsatz für die Ökumene
- 1998: *Fides et Ratio* – Über das Verhältnis von Glaube und Vernunft
- 2003: *Ecclesia de eucharistia* – Über die Eucharistie in ihrem Verhältnis zur Kirche

Literatur

- Luigi Accattoli, Heinz-Joachim Fischer und Arthur Hertzberg: *Johannes Paul II – Ein Papst für die Menschen.* 2004, ISBN 3-89660-171-7
- Heinz-Lothar Barth: *Papst Johannes Paul II. : santo subito?; ein kritischer Rückblick auf sein Pontifikat,* Dettelbach, Sanctus-Verlag, 2007, ISBN 978-3-89754-905-0
- Johannes Dörmann: *Der theologische Weg Johannes Pauls II. zum Weltgebetstag der Religionen in Assisi.* Sitta, Senden/Westfalen 1990–1998, Gesamt-ISBN 3-9802444-0-7
- Andreas Englisch: *Johannes Paul II. – Das Geheimnis des Karol Wojtyła.* München 2003, ISBN 3-550-07576-6
- André Frossard: *Fürchtet Euch nicht! Im Gespräch mit Johannes Paul II.* Neue Stadt Verlag, München 1982, ISBN 3-87996-145-X
- Horst Herrmann: *Johannes Paul II. Wahrer Mensch und wahrer Papst.* Berlin 2005, ISBN 3-351-02605-6
- Hubertus Mynarek: *Der polnische Papst. Bilanz eines Pontifikats.* Freiburg 2005, ISBN 3-89484-602-X
- Hermann Rieke-Benninghaus: *Johannes Paul II.* Dinklage 2005, ISBN 3-938929-04-9
- Jan Roß: "Johannes Paul II. Der Jahrhundertpapst." Hamburg 2005, ISBN 3-499-62116-9.
- Stefan Samerski: *Johannes Paul II.* C.H. Beck, München 2008, ISBN 978-3-406-53635-9.
- Wigand Siebel: *Philosophie und Theologie Karol Wojtyłas.* Basel 1986
- Ernst Trost: *Der Papst aus einem fernen Land. Johannes Paul II. und seine Kirche.* Molden, Wien u. a. 1979
- George Weigel: *Zeuge der Hoffnung. Johannes Paul II., Eine Biographie.* Paderborn, München, Wien, Zürich 2002, ISBN 3-506-79723-9
- George Weigel: *Der Papst der Freiheit. Johannes Paul II. Seine letzten Jahre und sein Vermächtnis.* Paderborn 2011. ISBN 978-3-506-77172-8

Weblinks

- Literatur von und über Johannes Paul II. [44] im Katalog der Deutschen Nationalbibliothek
- Informationen über Johannes Paul II. auf der offiziellen Webseite des Vatikans [45]
- Texte von Johannes Paul II. zu den Naturwissenschaften, mit Kommentaren [46]
- Zitate von Johannes Paul II. [47]
- Texte von Johannes Paul II. [48] auf die IntraText Digitale Bibliothek
- Eintrag über Johannes Paul II. auf *catholic-hierarchy.org* (englisch) [49]

Einzelnachweise

[1] Lautschrift: [ˈkarɔl ˈjuzɛf vɔjˈtɨu̯a]; Aussprache

[2] http://news.orf.at/stories/2036343/2036336/ *Seligsprechung in Rekordzeit" in orf.at*

[3] Gerhard Knauck: *Einen zweiten solchen Menschen zu finden ist schwer* (http://www.welt.de/print-welt/article563370/Einen_zweiten_solchen_Menschen_zu_finden_ist_schwer.html), in: Die Welt vom 4. April 2005

[4] Deutsche Übersetzung in: Karol Wojtyła/Johannes Paul II.: *Primat des Geistes. Philosophische Schriften.* H. Seewald, Stuttgart 1980, ISBN 3-512-00573-X, S. 37-197.

[5] http://www.vatican.va/beatificazione_gp2/documents/pontificato_gp2_ge.html

[6] 20 Minuten: *Papst über 100 Mal aus dem Vatikan abgehauen.* (http://www.20min.ch/news/kreuz_und_quer/story/27067299) 27. Januar 2007

[7] http://www.wdr.de/themen/kultur/stichtag/2006/05/13.jhtml - http://www.liborius.de/specials/erinnerungen-an-papst-johannes-paul-ii/johannes-paul-ii-das-attentat.html

[8] http://storico.radiovaticana.org/ted/storico/2005-03/31957.html

[9] *Stationen im Leben von Papst Johannes Paul II.* (http://www.3sat.de/3sat.php?http://www.3sat.de/nano/astuecke/77857/index.html)

[10] Andreas Dorschel, 'Es ist eine Lust zu beichten', in: *Süddeutsche Zeitung* Nr. 192 (20. August 2004), S. 14.

[11] Seite 458 ff. (http://www.vatican.va/archive/aas/documents/AAS 97 [2005] - ocr.pdf): EXTREMA AEGROTATIO, OBITUS, FUNEBRIA (Letzte Krankheit, Tod, Bestattungsfeiern) in italienischer Sprache, deutschsprachige Wiedergabe (http://www.zenit.org/article-9343?l=german). Auf Seite 475 ff. ist das Testament Jahannes Pauls in polnischer Sprache abgedruckt.

[12] http://www.vatican.va/roman_curia/congregations/cfaith/documents/rc_con_cfaith_doc_20030731_homosexual-unions_ge.html

[13] Johannes Paul II.: Botschaft zur Feier des Weltfriedenstags 1990 (http://www.vatican.va/holy_father/john_paul_ii/messages/peace/documents/hf_jp-ii_mes_19891208_xxiii-world-day-for-peace_en.html), 8. Dezember 1989

[14] Johannes Paul II.: UNTERZEICHNUNG DER „ERKLÄRUNG VON VENEDIG" (http://www.vatican.va/holy_father/john_paul_ii/speeches/2002/june/documents/hf_jp-ii_spe_20020610_venice-declaration_ge.html), 10. Juni 2002

[15] http://www.epochtimes.de/articles/2005/04/03/2043.html

[16] http://tibetfocus.com/gm/archives/00000170.html

[17] http://www.dw-world.de/dw/article/0,,2973038,00.html?maca=de-teaser_top_stories-212-rdf

[18] http://www.dhm.de/lemo/html/biografien/JohannesPaulII/index.html

[19] Ansprache während des Ökumenischen Treffens (http://www.vatican.va/holy_father/john_paul_ii/speeches/1983/december/documents/hf_jp-ii_spe_19831211_incontro-ecumenico_ge.html)

[20] *Chronicle of World Youth Days* (http://www.vatican.va/gmg/documents/gmg_chronicle-wyd_20020325_en.html). Abgerufen am 28. April 2011.

[21] *Parade der Gratulanten in Polen (NZZ Online)* (http://www.nzz.ch/2005/09/01/al/articleD3S1U.html). Abgerufen am 28. April 2011.

[22] Luigi Accattoli.Johannes Paul II. Biografie, Köln 1998, Seite 79

[23] *Alla Delegazione del sindacato indipendente ed autonomo polacco Solidarnosc, 15 gennaio 1981, Giovanni Paolo II* (http://www.vatican.va/holy_father/john_paul_ii/speeches/1981/january/documents/hf_jp-ii_spe_19810115_solidarnosc_it.html). Abgerufen am 28. April 2011.

[24] *Die Reisen des Papstes nach Polen* (http://religion.orf.at/projekt02/news/0208/ne020813_papstreisen_polen_fr.htm). Abgerufen am 28. April 2011.

[25] Alexander Schwabe: Revolutionär nach außen, Traditionalist nach innen (http://www.spiegel.de/panorama/0,1518,349452,00.html). Nachruf auf Spiegel.de

[26] "Der Papst versteht mich nicht!" (http://www.wir-sind-kirche.at/content/index.php?option=com_content&task=view&id=898&Itemid=6) Wir sind Kirche; Abgerufen am 19. September 2011

[27] Luigi Accattoli.Johannes Paul II. Biografie, Köln 1998

[28] http://www.heute.de/ZDFheute/inhalt/18/0,3672,2133010,00.html

[29] *09.10.2003 Friedensnobelpreis: Johannes Paul II. oder Vaclav Havel?* (http://religion.orf.at/projekt02/news/0310/ne031009_friedensnobelpreis.htm). Abgerufen am 28. April 2011.

[30] *Die Ehrenbürger von Stettin / Szczecin* (http://www.ostsee-urlaub-polen.de/stettin-szczecin/stettiner-ehrenbuerger.htm). Abgerufen am 28. April 2011.

[31] http://www.tagesschau.de/ausland/meldung44160.html (nicht mehr online verfügbar)
[32] Heroischer Tugendgrad von Johannes Paul II. und Pius XII. anerkannt! (http://www.kath.net/detail.php?id=24976) – kath.net-Meldung
[33] Vatikan: Keine „Abkürzung“ für Johannes Paul II. (http://www.radiovaticana.org/ted/Articolo.asp?c=343497) – Radio Vatikan
[34] Frankfurter Rundschau vom 16. Oktober 2010: Eine unselige Verbindung (http://www.fr-online.de/politik/eine-unselige-verbindung/-/1472596/4748524/-/view/asFirstTeaser/-/index.html)
[35] NDR Radiosendung vom 1. August 2010 (ARD Mediathek): Legionäre Christi (http://mediathek.ard.de/ard/servlet/content/3517136?documentId=5055802)
[36] Presseamt des Vatikan
[37] *Pressemitteilung: Betroffene zur Seligsprechung von Johannes Paul II.* netzwerkB, SNAP; 28. April 2011 (online (http://netzwerkb.org/2011/04/28/seligsprechung-von-johannes-paul-ii/#more-7670))
[38] Norbert Denef: *Beten statt helfen. Wie Papst Johannes Paul mir einen niederschmetternden Brief schrieb.* In: Die Zeit, 28. April 2011 (online (http://netzwerkb.org/wp-content/uploads/2011/04/28.11.2011_DIE-ZEIT.pdf))
[39] *Vatikan: Missbrauchsopfer kritisieren Seligsprechung von Johannes Paul II.* In: Der Spiegel, 28. April 2011 (online (http://www.spiegel.de/panorama/gesellschaft/0,1518,759515,00.html))
[40] MZ-Web.de 28. April 2011 (http://www.mz-web.de/servlet/ContentServer?pagename=ksta/page&atype=ksArtikel&aid=1303968425545&openMenu=1013016724320&calledPageId=1013016724320&listid=1018881578370)
[41] http://www.dici.org/en/documents/brief-an-die-freunde-und-wohltater-nr-78/- http://www.remnantnewspaper.com/2011-0331-statement-of-reservations-beatification.htm
[42] Robert Leicht: *Wieso gerade ein Papst?.* In: Die Zeit, 28. April 2011 (online (http://netzwerkb.org/wp-content/uploads/2011/04/28.11.2011_DIE-ZEIT.pdf))
[43] http://www.abbapater.com/
[44] https://portal.d-nb.de/opac.htm?query=Woe%3D118558064&method=simpleSearch
[45] http://www.vatican.va/holy_father/john_paul_ii/index_ge.htm
[46] http://www.forum-grenzfragen.de/kirchenamtliches/paepstliches/paepstliches/index.html
[47] http://www.stehaufundgeh.ch/
[48] http://www.intratext.com/Catalogo/Autori/AUT197.HTM
[49] http://www.catholic-hierarchy.org/bishop/bwojtyla.html

Vorgänger	Amt	Nachfolger
Johannes Paul I.	**Papst** 1978–2005	Benedikt XVI.
Eugeniusz Baziak	**Erzbischof von Krakau** 1963–1978	Franciszek Kardinal Macharski

Normdaten (Person): GND: 118558064 (http://d-nb.info/gnd/118558064) | LCCN: n78078345 (http://lccn.loc.gov/n78078345) | VIAF: 95234650 (http://viaf.org/viaf/95234650/) |

Bistum_Lucena

Bistum Lucena	
Basisdaten	
Staat	Philippinen
Metropolitanbistum	Erzbistum Lipa
Diözesanbischof	Emilio Marquez
Emeritierter Diözesanbischof	Ruben Profugo
Generalvikar	Lendro Castro
Fläche	2334 km²
Pfarreien	32 *(31.12.2007 / AP2009)*
Einwohner	948093 *(31.12.2007 / AP2009)*
Katholiken	834322 *(31.12.2007 / AP2009)*
Anteil	88 %
Diözesanpriester	91 *(31.12.2007 / AP2009)*
Ordenspriester	2 *(31.12.2007 / AP2009)*
Katholiken je Priester	8971
Ordensbrüder	5 *(31.12.2007 / AP2009)*
Ordensschwestern	161 *(31.12.2007 / AP2009)*
Ritus	Römischer Ritus
Liturgiesprache	Filipino Englisch
Kathedrale	Cathedral of St. Ferdinand
Website	www.cbcponline.net [1]

Das **Bistum Lucena** (lat.: *Dioecesis Lucenensis*) ist eine auf den Philippinen gelegene römisch-katholische Diözese mit Sitz in Lucena City.

Geschichte

Kathedrale St. Ferdinand in Lucena

Das Bistum Lucena wurde am 28. März 1950 durch Papst Pius XII. mit der Apostolischen Konstitution *Quo aeternae* aus Gebietsabtretungen des Bistums Lipa errichtet und dem Erzbistum Manila als Suffraganbistum unterstellt.[2] Am 20. Juni 1972 wurde das Bistum Lucena dem Erzbistum Lipa als Suffraganbistum unterstellt. Das Bistum Lucena gab am 25. April 1977 Teile seines Territoriums zur Gründung des Bistums Boac ab. Eine weitere Gebietsabtretung erfolgte am 9. April 1984 zur Gründung des Bistums Gumaca.

Das Bistum Lucena umfasst den zentral-westlichen Teil der Provinz Quezon.

Bischöfe von Lucena

- Alfredo Maria Obviar y Aranda, 1959–1976
- José Sánchez, 1976–1982, dann Erzbischof von Nueva Segovia
- Ruben Profugo, 1982–2003
- Emilio Marquez, seit 2003

Bedeutende Kirchen

- Basilica of St. Michael the Archangel in Tayabas City
- Cathedral of St. Ferdinand

Siehe auch

- Liste der katholischen Bistümer
- Römisch-katholische Kirche auf den Philippinen

Weblinks

- Homepage des Bistums Lucena [1] (englisch)
- Eintrag [3] zu *Bistum Lucena* auf *catholic-hierarchy.org* (englisch)

Einzelnachweise

[1] http://www.cbcponline.net/jurisdictions/lucena.html
[2] Pius XII: Const. Apost. *Quo aeternae*, AAS 42 (1950), n. 11, S. 583ff.
[3] http://www.catholic-hierarchy.org/diocese/dluce.html

Apostolische_Konstitution

Eine **Apostolische Konstitution** (lateinisch *Constitutio Apostolica*) ist in der katholischen Kirche ein Erlass des Papstes, in dem ein bestimmter Sachverhalt des Kirchenrechts geregelt wird. Die Bestimmungen einer Konstitution sind als kirchliche Gesetze verbindlich, erheben aber nicht wie die Definition eines Dogmas durch Konzil oder Papst ex cathedra den Anspruch auf Unfehlbarkeit. Gleichwohl haben sie gemäß can. 7ff. CIC Gesetzeskraft.[1]

Bedeutend sind aus jüngerer Zeit unter anderem die Apostolische Konstitution Universi Dominici Gregis über die Papstwahl, die Apostolische Konstitution Ex Corde Ecclesiae über die katholischen Universitäten oder die Apostolische Konstitution Fidei Depositum über den Katechismus.

Die Deutsche Bischofskonferenz definiert auf ihrer Homepage den Begriff wie folgt: *Apostolische Konstitutionen sind vom Papst erlassene gesetzliche Bestimmungen. Sie betreffen häufig eine bestimmte Region oder einen bestimmten Personenkreis. Der Begriff Konstitution stammt aus dem Lateinischen: constituere bedeutet "feststehen machen, aufstellen, einrichten".*

Siehe auch:

Enzyklika, Apostolisches Schreiben, Motu Proprio

Weblinks

- Papst Johannes Paul II. Apostolische Konstitutionen [2]
- Papst Paul VI. Apostolische Konstitutionen [3]
- Papst Johannes XXIII. Apostolische Konstitutionen [4]
- Papst Pius XII. Apostolische Konstitutionen [5]
- Papst Pius XI. Apostolische Konstitution *[[Auspicantibus nobis|Auspicantibus Nobis* [6]*]]*

Einzelnachweise

[1] L. Wächter: Artikel "Konstitution", in Haering/Schmitz: Lexikon des Kirchenrechts, 2004, Sp. 604
[2] http://www.vatican.va/holy_father/john_paul_ii/apost_constitutions/index_ge.htm
[3] http://www.vatican.va/holy_father/paul_vi/apost_constitutions/index_ge.htm
[4] http://www.vatican.va/holy_father/john_xxiii/apost_constitutions/index_ge.htm
[5] http://www.vatican.va/holy_father/pius_xii/apost_constitutions/index_ge.htm
[6] http://www.vatican.va/holy_father/pius_xi/apost_constitutions/index_ge.htm

Erzbistum_Lipa

Erzbistum Lipa	

Basisdaten	
Staat	Philippinen
Diözesanbischof	Ramon Cabrera Argüelles
Emeritierter Weihbischof	Salvador Q. Quizon
Fläche	3165 km²
Pfarreien	53 *(31.12.2004 / AP2005)*
Einwohner	1905348 *(31.12.2004 / AP2005)*
Katholiken	1843617 *(31.12.2004 / AP2005)*
Anteil	96.8 %
Diözesanpriester	108 *(31.12.2004 / AP2005)*
Ordenspriester	39 *(31.12.2004 / AP2005)*
Katholiken je Priester	12542
Ordensbrüder	147 *(31.12.2004 / AP2005)*
Ordensschwestern	220 *(31.12.2004 / AP2005)*
Ritus	Römischer Ritus
Liturgiesprache	Filipino Englisch
Kathedrale	San Sebastian Cathedral
Website	www.archlipa.org [1]
Suffraganbistümer	Bistum Boac Bistum Gumaca Territorialprälatur Infanta Bistum Lucena

Das **Erzbistum Lipa** (lat.: *Archidioecesis Lipensis*) ist eine auf den Philippinen gelegene römisch-katholische Erzdiözese mit Sitz in Lipa City. Es umfasst die Provinz Batangas.

San Sebastian Cathedral

Geschichte

Papst Pius X. gründete das Bistum Lipa am 10. April 1910 aus Gebietsabtretungen des Bistums Cáceres und es wurde dem Erzbistum Manila als Suffraganbistum unterstellt.

Mit der Apostolischen Konstitution *Qui summi Numinis* wurde es am 20. Juni 1972 in den Rang eines Metropolitanerzbistums erhoben.

Teile seines Territoriums verlor es zugunsten der Errichtung folgender Bistümer:

- 2. Juli 1936 an die Apostolische Präfektur Mindoro;
- 28. März 1950 an das Bistum Lucena;
- 25. April 1950 an die Territorialprälatur Infanta;
- 28. November 1966 an das Bistum San Pablo.

Bedeutende Kirchen

- Minor Basilica of St. Martin of Tours

Ordinarien

Bischöfe von Lipa

- Joseph Petrelli (12. April 1910-30. März 1915, dann Offizial der Kurie)
- Alfredo Verzosa y Florentin (6. September 1916-25. Februar 1951, emeritiert)
- Alejandro Olalia (28. Dezember 1953-20. Juni 1972)

Erzbischöfe von Lipa

- Alejandro Olalia (20. Juni 1972-2. Januar 1973, gestorben)
- Ricardo Jamin Vidal (22. August 1973-13. April 1981, Koadjutorerzbischof von Cebu)
- Mariano Gaviola y Garcés (13. April 1981-30. Dezember 1992, zurückgetreten)
- Gaudencio Borbon Rosales (30. Dezember 1992-15. September 2003, dann Erzbischof von Manila)
- Ramon Cabrera Argüelles, seit dem 14. Mai 2004

Statistik

Jahr	Bevölkerung			Priester				Ständige Diakone	Ordensleute		Pfarreien
	Katholiken	Einwohner	%	Gesamtanzahl	Diözesanpriester	Ordenspriester	Katholiken je Priester		Ordensbrüder	Ordensschwestern	
1950	731.679	816.528	89,6	106	82	24	6.902		14	60	70
1969	733.868	756.262	97,0	91	56	35	8.064		46	140	41
1980	1.129.000	1.163.000	97,1	94	68	26	12.010		114	117	44
1990	1.319.145	1.409.145	93,6	104	70	34	12.684		146	154	46
1999	1.664.563	1.786.833	93,2	133	105	28	12.515		135	187	50
2000	1.760.926	1.884.735	93,4	141	104	37	12.488		147	137	51
2001	1.804.640	1.905.348	94,7	144	105	39	12.532		104	197	52
2002	1.850.192	1.928.213	96,0	147	107	40	12.586		162	189	52
2003	1.892.746	1.972.562	96,0	151	118	33	12.534		118	154	52
2004	1.843.617	1.905.348	96,8	147	108	39	12.541		147	200	53

Siehe auch

- Liste der katholischen Bistümer
- Römisch-katholische Kirche auf den Philippinen

Weblinks

- Beschreibung auf *catholic-hierarchy.org* (englisch) [2]
- Eintrag über das Erzbistum Lipa auf *Giga-Catholic* (englisch) [3]

References

[1] http://www.archlipa.org/content/
[2] http://www.catholic-hierarchy.org/diocese/dlipa.html
[3] http://www.gcatholic.com/dioceses/diocese/lipa0.htm

Suffragandiözese

Eine **Suffragandiözese** bezeichnet einen Verwaltungsbezirk der römisch-katholischen Kirche. Der Name bezieht sich auf den Begriff *Suffragan* und zeigt somit, dass diese spezielle Diözese Teil einer Kirchenprovinz ist, aber im Gegensatz zur Erzdiözese in der Kirchenprovinz keine leitende Funktion hat.

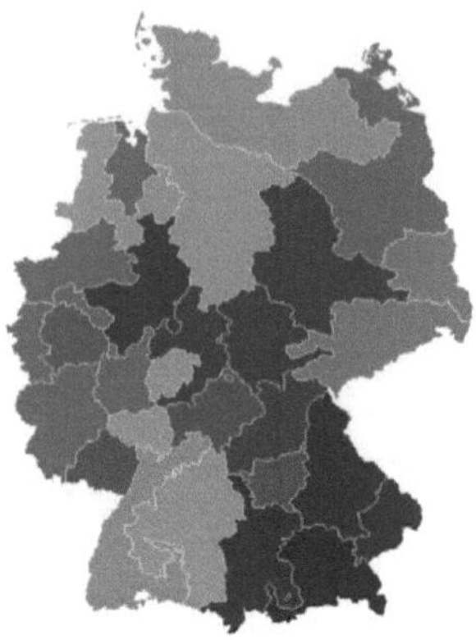

Katholische Diözesen in Deutschland

Mehrere Diözesen bilden eine Kirchenprovinz. Deren Vorsteher heißt Metropolit. Er ist in der Regel der Diözesanbischof einer der Diözesen, die meist den Titel Erzdiözese (Erzbistum) tragen. Die übrigen Diözesen der Kirchenprovinz sind die Suffragandiözesen innerhalb der Kirchenprovinz. Jeder Diözesanbischof verwaltet seine eigene Diözese selbstständig und unabhängig vom Metropoliten. Der Bischof einer Suffragandiözese wird auch Suffraganbischof genannt.

Die Verwaltungsstruktur der römisch-katholischen Kirche gilt weltweit. In der Bundesrepublik Deutschland bilden beispielsweise das Bistum Trier und das Bistum Münster Suffragandiözesen des Erzbistums Köln.

Den deutschen Erzdiözesen sind heute folgende Suffragandiözesen zugeordnet:

Erzbistum Köln:

- Bistum Münster
- Bistum Essen
- Bistum Aachen
- Bistum Limburg
- Bistum Trier

Erzbistum Freiburg:

- Bistum Mainz
- Bistum Rottenburg-Stuttgart

Erzbistum Paderborn:

- Bistum Erfurt
- Bistum Fulda
- Bistum Magdeburg

Erzbistum München und Freising:

- Bistum Augsburg
- Bistum Passau
- Bistum Regensburg

Erzbistum Bamberg:

- Bistum Speyer
- Bistum Würzburg
- Bistum Eichstätt

Erzbistum Berlin:

- Bistum Dresden-Meißen
- Bistum Görlitz

Erzbistum Hamburg:

- Bistum Hildesheim
- Bistum Osnabrück

Bis zur Reformation gehörten weitere Bistümer zu den genannten Erzbistümern, beispielsweise das lange Zeit als Erzbistum selbstständige Bistum Bremen.

Suffragane bzw. Suffraganbischöfe gibt es auch in der anders strukturierten Church of England (anglikanische Kirche). Sie unterstehen in Großbritannien als Gebietsbischöfe den Diözesanbischöfen, die ihrerseits den Erzbischöfen von Canterbury oder York unterstehen.

Koadjutor

Der Begriff **Koadjutor** (lat. „Beistand“) wird in folgenden Zusammenhängen verwendet:

- Koadjutor als Bischof der katholischen Kirche, der einem anderen Bischof zur Seite gestellt wird
- Koadjutor als Beistand im Rahmen eines kirchlichen Benefiziums
- Koadjutor als Bezeichnung einer Klasse der Jesuiten
- Koadjutor als Amtsbezeichnung für einen Pfarrgehilfen (lat. *vicarius adiutor*), der die Aufgaben eines Pfarrers bei dessen Verhinderung wahrnimmt.

Koadjutor als Bischof

Rechtslage nach dem CIC von 1917

Nach früherer Rechtslage gemäß *Codex Iuris Canonici (CIC)* gab es zwei Arten von Koadjutoren, den heute noch existierenden und einfach als *Koadjutor* bezeichneten „Koadjutor mit Nachfolgerecht“ (*coadiutor cum iure successionis*) sowie den eher seltenen *coadiutor sedi datus*, der nicht dem Ordinarius, sondern quasi dem jeweiligen (Erz)Bistum beigegeben wurde, kein Nachfolgerecht hatte, jedoch dafür auch im Falle einer Änderung in der Person des Ordinarius sein Amt weiterbehielt.

Ein Beispiel hierfür ist u. a. die Patriarchaldiözese Lissabon, deren Generalvikar – nach dem Aufgehen der früheren Erzdiözese Lissabon im gleichnamigen Patriarchat – stets den Titel eines Titularerzbischofs trug, und zwar traditionell meist den eines Titularerzbischofs von Mitylene, was an sich der Praxis des Heiligen Stuhl widerspricht, bei einem Bischofswechsel auch einen neuen Titularbischofssitz zu vergeben. Darüber hinaus ist ebenfalls die Erzdiözese Wien zu nennen, die durch die nach dem Zweiten Weltkrieg bestehende Sondersituation um Kardinal Theodor Innitzer in Person von Erzbischof-Koadjutor Franz Jachym einen solche Koadjutor *sedi datus* besaß. Erzbischof-Koadjutor Franz Jachym verblieb bis kurz vor Inkrafttreten des neuen CIC in seiner besonderen Stellung.

Beispiele für Koadjutoren mit Nachfolgerecht waren u.a. 1554 Gotthard Kettler, der zunächst nur Komtur des Deutschen Ordens in Dünaburg war, 1558 auch zum Koadjutor des Ordensmeisters Johann Wilhelm von Fürstenberg gewählt. In der frühen Neuzeit war die Praxis der Nachfolgeregelung zu Lebzeiten eines Bischofs durch die Wahl eines Koadjutors mit Nachfolgerecht (*ius/spes successionis*) weit verbreitet, z.B. die Kölner Kurfürst-Erzbischöfe aus dem Hause Wittelsbach.[1] Am 6. Januar 1969 wurde Joseph Höffner zum Koadjutor des Erzbistums Köln bestellt, um den fast erblindeten Erzbischof Joseph Kardinal Frings zu unterstützen.

Rechtslage nach dem CIC von 1983

In der lateinischen Kirche wird der Koadjutor nach Codex Iuris Canonici can. 403 § 3 des kanonischen Rechts durch den Heiligen Stuhl ernannt; andere Kirchen sehen andere Regelungen vor (z. B. Wahl durch Diözesansynode). Der Koadjutor besitzt, im Gegensatz zum Weihbischof, besondere Befugnisse und hat das Recht der Nachfolge.

In der römischen Kirche hat der Diözesanbischof ihn gem. can. 406 § 2 zum Generalvikar zu ernennen. Sollte es zu einer Sedisvakanz des Bischofsstuhls kommen, so übernimmt gem. can. 409 § 1 der Koadjutor die Bischofsgewalt über die Diözese, für die er bestellt wurde.

Der bisher letzte Koadjutor in Deutschland war der emeritierte Erzbischof von Hamburg, Ludwig Averkamp. 1985 wurde er – damals Weihbischof in Münster – zur Unterstützung von Bischof Helmut Hermann Wittler nach Osnabrück berufen. 1987 folgte er ihm als Bischof von Osnabrück nach.

Weblinks

- Vorschriften des kanonischen Rechts über den Koadjutor [2]

Quellen

[1] Siehe dazu u. a. Eduard Hegel: Das Erzbistum Köln zwischen Barock und Aufklärung. Vom Pfälzischen Krieg bis zum Ende der französischen Zeit 1688-1814, Köln 1979 (Geschichte des Erzbistums Köln Bd. IV, hg. Wilhelm Janssen u.a.); und Hansgeorg Molior, Das Erzbistum Köln im Zeitalter der Glaubenskämpfe 1515-1688, Köln 2008 (Geschichte des Erzbistums Köln Bd. III, hg. Norbert Trippen u.a.)

[2] http://www.vatican.va/archive/DEU0036/__P1F.HTM

Quezon

Provinz Quezon

Basisdaten	
Region:	CALABARZON
Hauptstadt:	Lucena City
Einwohnerzahl:	Zensus 1. Mai 2010
Bevölkerungsdichte:	Einwohner je km²
Fläche:	8706.6 km²
Gouverneur:	Rafael P. Nantes
Offizielle Webpräsenz:	http://quezon.gov.ph [1]

Gliederung	
– Hoch urbanisierte Städte	1
– Provinzstädte	1
– Gemeinden	{{{Gemeinden}}}
– Barangays	1209
– Wahldistrikte	4
Lage von Quezon auf den Philippinen	

Quezon ist eine Provinz auf den Philippinen in der Region CALABARZON (Region IV-A). Die Provinz wurde nach Manuel Quezon benannt, dem zweiten Präsidenten der Philippinen. Ihre Hauptstadt ist mit einer Einwohnerzahl von (Stand: 1. Mai 2010) die Stadt Lucena City.

Dabei darf die Provinz Quezon nicht mit Quezon City verwechselt werden, da die Stadt Teil der Metropolregion von Manila ist und nicht dieser Provinz angehört.

Geographie

Die Provinz Quezon befindet sich südöstlich der Metro Manila und ist die sechstgrößte Provinz des gesamten philippinischen Archipels. Sie ist umgeben von den Provinzen Aurora im Norden, von Bulacan, Rizal, Laguna und Batangas im Westen sowie von den Provinzen Camarines Norte und Camarines Sur im Osten. Der südliche Teil besteht aus dem Tayabas Isthmus, der die Bicol-Halbinsel geographisch vom Hauptteil der Insel Luzon trennt.

Der nördliche Teil der Provinz liegt eingefasst zwischen dem Gebirgszug der Sierra Madre und der Bucht von Lamon, ein Meeresarm der Philippinensee. Die Sierra Madre verläuft nur im nördlichen Teil der Provinz. Weitere kleine Gebirgszüge verlaufen zwischen der Bucht von Tayabas und dem Golf von Ragay, auf der Bondoc-Halbinsel. Nierdrige Bergzüge finden sich auch auf der Insel Polillo. Der höchste Berg der Provinz ist der Banahaw, ein erloschener Vulkan, dessen Gipfel 2.188 m über dem Meeresspiegel erreicht. Er ist auch das Haupttourismusziel der Provinz. Um den Berg herum haben sich viele Kulturen und religiöse Organisationen angesiedelt und speziell während der Karwoche wird er von vielen Christen besucht.

Die bedeutsamsten Inseln der Provinz Quezon sind Alabat, Cabalete, Balesin und die Inselgruppe des Polillo-Archipels. Die Gesamtfläche der Provinz beträgt 8.706,6 km².

Nationalparks und Naturschutzgebiete

- Alabat Watershed Forest Reserve
- Alibijaban Wilderness Area
- Mounts-Banahaw-San-Cristobal-Nationalpark
- Binahaan River Watershed Forest Reserve
- Buenavista Protected Landscape
- Calauag Watershed Reservation
- Lopez Watershed Forest Reserve
- Maulawin Spring Protected Landscape
- Mulanay Watershed Forest Reserve
- Quezon-Nationalpark

Demographie und Sprache

Gemäß der letzten Volkszählung vom 1. Mai 2010 leben in der Provinz, die Einwohner der provinzunabhängigen Stadt Lucena City eingerechnet, insgesamt Menschen. Die Mehrheit der bewohnten Flächen konzentrieren sich auf den flachen zentralen Teil der Provinz, der die Stadt Lucena City, wie auch die Gemeinden Sariaya und Candelaria angehören. Die Hauptsprache dieser Gegend ist Tagalog.

Die Bevölkerungsdichte liegt bei Menschen pro km².

Politische Gliederung

Quezon ist untergliedert in insgesamt 39 eigenständig verwaltete Gemeinden und 2 Städte.

Städte

- Lucena City
- Tayabas City

Gemeinden

- Agdangan
- Alabat
- Atimonan
- Buenavista
- Burdeos
- Calauag
- Candelaria
- Catanauan
- Dolores
- General Luna
- General Nakar
- Guinayangan
- Gumaca
- Infanta
- Jomalig
- Lopez
- Lucban
- Macalelon
- Mauban
- Padre Burgos
- Pagbilao
- Panukulan
- Patnanungan
- Perez
- Pitogo
- Plaridel
- Polillo
- Quezon
- Real
- Sampaloc
- San Andres
- San Antonio
- San Francisco (Aurora)
- San Narciso
- Sariaya
- Tagkawayan
- Tiaong
- Unisan

- Mulanay

Wirtschaft

Quezon ist der führende Erzeuger von Kokosnussprodukten wie Kokosnussöl und Kopra des gesamten Landes. Ein großer Teil der Provinz ist von Kokosnussplantagen bedeckt. Daneben ist auch die Fischerei ein bedeutender Wirtschaftsfaktor von Quezon.

Die Provinz produziert zudem geothermische Energie über das Makban Geothermalkraftwerk.

Geschichte

Ursprünglich war das Gebiet, das heute von der Provinz Quezon eingenommen wird, aufgeteilt in die Provinzen Batangas, Laguna und Nueva Ecija. Zwischen 1571 und 1572 wurde diese Gegend von Juan de Salcedo zum ersten Mal erforscht, als dieser mit seiner Expedition in die heutigen Camarines-Provinzen vordrang.

Im Jahre 1591 wurde die Provinz unter dem Namen *Kaliraya* oder *Kalilayan* gegründet, nach dem damaligen Namen des Ortes Unisan, der die Hauptstadt der Provinz bildete. Etwa zur Mitte des 18. Jahrhunderts verlagerte man den Hauptsitz nach Tayabas und benannte die Provinz erneut gemäß ihrer neuen Hauptstadt um.

Plünderungen und Beutezügen durch die Moros erhöhten sich während der spanischen Regierungszeit. Dabei war ein vordringliches Ziel der Piraten, den Kolonisationsplänen der Spanier entgegenzuwirken, die speziell die Ausbreitung der Christianisierung voranzutreiben versuchten. Die Zerstörung von Kalilayan im Jahre 1604 durch eine große Flotte Moropiraten zwang die Einheimischen somit, nach Palsabangon, dem heutigen (Pagbilao), umzusiedeln.

Über die Jahrhunderte wuchs jedoch der Unmut der philippinischen Bevölkerung innerhalb der spanisch beherrschten Gebiete. Das bedeutendste Ereignis in der Provinzgeschichte war demnach mit der Confradia Revolte im Jahre 1841 ein Aufstand, der von dem später unter dem Namen Hermano Pule bekannt gewordenen Apolinario dela Cruz angeführt wurde. Unter dem einheimischen General Miguel Malvar war die Provinz 1892 schließlich auch eine der ersten, die sich zu Beginn der Philippinischen Revolution gegen die spanische Herrschaft erhob. In der Folge übernahm die philippinische Revolutionsregierung am 15. August 1898 die Kontrolle über die Provinz.

Ab 1899 annektierten amerikanische Truppen den philippinischen Archipel. Unter ihrer Kontrolle wurde am 2. März 1901 eine Zivilregierung eingerichtet, die ihren Hauptsitz in dem Ort Lucena hatte.

Die japanische Besatzung während des Zweiten Weltkrieges begann am 23. Dezember 1941, als die Kaiserlich Japanische Armee in Atimonan landete. Am 4. April 1945 wurde die Provinz schließlich befreit, nachdem Truppen der philippinischen und amerikanischen Streitkräfte den Ort Lucena erreicht hatten.

Nach dem Krieg wurde am 7. September 1946 mit dem Republic Act Nr. 14 der Namen der Provinz von *Tayabas*, zu Ehren des Präsidenten des Philippinischer Commonwealth Manuel Quezon, in Quezon geändert. Dieser stammte aus dem Ort Baler, welcher zu dieser Zeit noch dieser Provinz angehörte.

Im Jahre 1951 wurde der nördlichste Teil von Quezon einschließlich der Ortschaft Baler abgespalten und bildete fortan die Unterprovinz Aurora. Aurora war der Vorname der Präsidentengattin von Manuel Quezon. Im Jahre 1979 wurde Aurora schließlich endgültig von Quezon getrennt und zu einer eigenständigen Provinz ernannt.

In näherer Zukunft gibt es zudem konkrete Pläne, die eine Teilung von Quezon in zwei Provinzen, Quezon del Sur, und Quezon del Norte, vorsehen. Am 7. September 2007 verfiel jedoch der Gesetzesanspruch des Republic Act Nr. 9495, der diese Teilung bestimmen sollte, ohne die Unterschrift von Präsidentin Gloria Macapagal-Arroyo und damit ohne deren offizielle Zustimmung erhalten zu haben, weswegen die Separation noch in der Schwebe steht.

Klima

Das Klima von Quezon entspricht den Klimakategorien zwei, drei und vier. Der zweite Kategorietyp wird dadurch charakterisiert, dass er sich weder durch eine Trockenperiode noch durch eine ausgesprochene Regenzeit auszeichnet. Die maximalen Niederschlagsmengen sind hierbei zwischen November und Januar zu erwarten.

Der dritte Typ sieht einen relativ kurzen trockenen Zeitraum zwischen November bis April vor, wobei der Rest des Jahres eher feucht ist. Niederschläge sind hier das ganze Jahr über möglich, wobei sich die zu erwartenden trockenen Perioden auf einen bis drei Monate beschränken. Vor allem der südliche Teil von Quezon gehört dieser Klimakategorie an.

Abschnitte in den nördlichen und südlichen Teilen der Provinz werden durch den vierten Klimatyp spezifiziert. Hier kann es das gesamte Jahr über mehr oder weniger zu Regenfällen kommen, ohne dass sich eine bestimmte Jahreszeit herausstellen würde.

Das Fehlen hoher Bergzüge, mit der viele andere Provinzen gekennzeichnet sind, bringt für einige Küstenregionen jedoch die Auswirkungen tropischer Tiefdruckgebiete mit sich, so dass sich das Klima in Quezon grundsätzlich als tropisch mild und zumeist trocken bezeichnen lässt.

Hochschulen

- Philippine Normal University
- Polytechnic University of the Philippines

Sehenswürdigkeiten

- Die Malagunlong Brücke
- Das Kutang San Diego (Spanisches Fort)
- Die Festung San Diego de Alcala
- Der San Antonio de Alcala Park
- Die Minor Basilica of St. Michael the Archangel in Tayabas City
- Bird Island
- Das Quezon Museum
- Der Tikub Lake
- Die Bucht von Tayabas (Sariaya Area)
- Der Quezon-Nationalpark
- Die Cristalino Fälle am Mt. Banahaw
- Der Mount Banahaw
- Die Malusak Höhlen
- Talabaan Island
- Puting Buhangin Beach

Weblinks

- Offizielle Website der Provinz Quezon [2]
- Quezon Province Festival and Fiestas [3] – Liste der Feste und Festivals der Province Quezon
- WOWPhilippines Infos zur Provinz Quezon [4]

Koordinaten:
[//toolserver.org/~geohack/geohack.php?pagename=Quezon&language=de&params=13.9333333333_N_122_E_region:PH_type:ad
14° N, 122° O]

References

[1] http://quezon.gov.ph
[2] http://www.quezon.gov.ph/
[3] http://www.philippinefiestas.com/quezon-province-festivals-fiestas-in-quezon/
[4] http://www.tourism.gov.ph/explore_phil/place_details.asp?content=description&province=23

Pfarrei

Eine **Pfarrei** bzw. **Pfarre** (*parochia, paroecia*) ist in der Gliederung der römisch-katholischen Kirche eine rechtlich abgegrenzte Gemeinschaft von Gläubigen, dem ein Pfarrer vorsteht. Die Gemeinschaft der Gläubigen nennt man *Pfarrgemeinde*, auch das dazugehörige Seelsorgegebiet, als Amtsbezirk auch *Pfarrbezirk* oder *Pfarrsprengel*, der Amtsbezirk, Amtssitz des Pfarrers und auch die amtliche Würde nennt man auch *Pfarrei* oder *Pfarramt*, das Amts- und Wohngebäude selbst heißt auch *Pfarrhaus (Pfarrhof)*.

Historische Entwicklung

Entstehung

Das frühe Christentum war eine Stadtreligion. In jeder Stadt mit christlicher Gemeinde leitete der Bischof, unterstützt von seinen Klerikern die Seelsorge. Die Bischofskirche stellte dabei auch gleichzeitig den Mittelpunkt des christlichen Lebens dar. Ab dem 2. Jahrhundert dehnte sich das Christentum jedoch mehr und mehr auch auf ländliche Gebiete aus, beziehungsweise dehnte es sich in Gebiete aus, die kaum Städte aufwiesen. Im Osten wurde die Seelsorge dort zunächst von so genannten Chorbischöfen übernommen[1] . Alsbald jedoch traten vom Bischof der nächstliegenden Stadt ernannte Kleriker an deren Stelle. Im Westen wurden mit der zunehmenden Christianisierung Seelsorgebereiche eingerichtet, die durch vom Bischof entsandte Kleriker geleitet wurden. Diese Kleriker besaßen anfangs nur delegierte Kompetenzen, z.B. für Taufe und Eucharistie[1] .

Spätere Ausgestaltung

Ab dem 6. Jahrhundert wurden diese Seelsorgsbezirke als „parochia“ bzw „paroecia“ bezeichnet (siehe auch Urpfarrei). Die Pfarrstruktur wurde prägend für die Organisation der Seelsorge und damit für das Leben der Gläubigen. Die Entwicklung der Pfarrstruktur wiederum wurde durch das Eigenkirchenwesen, Stiftswesen und Klöster bestimmt[1] . Schließlich entwickelte sich ein flächendeckendes System von Pfarreien, das immer dichter wurde. Für die Errichtung neuer Pfarreien entwickelten sich zwei Bedingungen: Zunächst musste der Unterhalt des Pfarrers sichergestellt sein. Dies geschah durch Pfründen (Benefizien), deren Erträge dem Pfarrer zugute kamen. Die zweite Bedingung war die Ausstattung der Pfarrei selbst mit hinreichenden Finanzmitteln, insbesondere für den Erhalt der Pfarrkirche. Hierfür wurde jeweils eine Kirchenstiftung („fabricae ecclesiae“) eingerichtet[1] . Durch den Pfarrzwang waren die Gläubigen gehalten, die Sakramente in ihrer eigenen Pfarrei zu empfangen.

Nach einem Dekret Papst Alexanders III. (1159–1181) konnten für Gläubige in entfernteren Gebieten Filialkirchen oder Vikariate eingerichtet werden[1] .

Entwicklung nach dem Konzil von Trient

Das Konzil von Trient bestimmte, dass es kein pfarrloses Kirchenvolk mehr geben dürfte. Jeder Gläubige musste einer Pfarrei zugeordnet sein. Die Territorialpfarrei, also die Zusammenfassung der auf einem Gebiet zusammenlebenden Gläubigen wurde dabei zum Regelfall. Daneben bestehen aber bis heute auch Personalpfarreien, jedoch in wesentlich geringerer Zahl. Zudem regelte das Konzil die Aufgaben, Rechte und Pflichten des Pfarrers neu, insbesondere was die Predigt, die Eheassistenz und die Applikationspflicht an Sonn- und gebotenen Feiertagen anging. Zudem wurden die Pfarrer ausdrücklich zur Residenz in ihrer Pfarrei und zur Führung von Kirchenbüchern (Taufbücher, Ehebücher) verpflichtet[1] .

Neuere Entwicklungen

Die Pfarrei stellt bis heute den zentralen Raum für das christliche und gemeindliche Leben des Volkes Gottes dar. Im neueren Kirchenrecht (s. u.) besteht jedoch kein Pfarrzwang mehr, so dass Gläubige heute freier über den Ort von Taufe, Eheschließung und Beerdigung entscheiden können. Die höhere Mobilität ermöglicht zudem das gezielte Aufsuchen besonderer Angebote anderer Pfarreien.

Bedingt durch den Priestermangel werden Pfarreien in einigen europäischen Ländern in den letzten Jahren verstärkt zusammengelegt. Daneben hat der Zusammenschluss von Pfarreien zu Pfarrverbänden eine erhöhte Bedeutung erhalten.

Kirchenrechtlicher Status

Überblick

Nach dem heutigen kirchlichen Recht ist die Pfarrei „eine bestimmte Gemeinschaft von Gläubigen, die in einer Teilkirche auf Dauer errichtet ist und deren Seelsorge unter der Autorität des Diözesanbischofs einem Pfarrer als ihrem eigenen Hirten anvertraut wird“ (can 515 § 1 CIC). Jede Diözese muss in Pfarreien aufgeteilt sein (can 374 § 1 CIC). Ihre Errichtung, Aufhebung und Veränderung ist allein Sache des Diözesanbischofs, der jedoch den Priesterrat zu hören hat (can 515 § 2 CIC). Die Pfarrei besitzt von Rechts wegen Rechtspersönlichkeit (can 515 § 3 CIC).

Der Pfarrer als Hirte der Gemeinde muss die Priesterweihe empfangen haben (can 521 § 1 CIC). Die Möglichkeit, eine Pfarrei einem Kanonikerkapitel (etwa einem Domkapitel) oder einer Ordensgemeinschaft zu inkorporieren, besteht nach dem Kirchenrecht von 1983 nicht mehr (can 520 § 1 CIC). Wenn einem Kanonikerkapitel oder einer Ordensgemeinschaft die Pfarrseelsorge übertragen war oder übertragen werden soll, so muss eines der Mitglieder zum ordentlichen Pfarrer bestellt werden.

Sonderformen der pfarrlichen Organisation

Wegen Priestermangels kann einem Pfarrer die Seelsorge für mehrere Pfarreien übertragen werden (can 526 § 1, 2. HS, 534 § 2). Dies stellt faktisch die Gründung eines Pfarrverbands dar und ist eine Sonderform der pfarrlichen Seelsorgsorganisation [2] . Weitere Sonderformen sind die solidarische Priestergemeinschaft mit einem Moderator (can 517 § 1 CIC), bei der die Seelsorge einer Gemeinschaft von Priestern übertragen wird und einer dem Bischof als Moderator verantwortlich ist, die Pfarrei als Seelsorgsstelle (can 517 § 2 CIC), bei der bestimmte seelsorgerliche Aufgaben unter Oberaufsicht eines benachbarten Pfarrers an einen Diakon oder Laien übertragen werden und die anvertraute Pfarrei, bei der die Seelsorge einem klerikalen Ordensinstitut übertragen wird.

Arten von Pfarreien

Im Laufe der Zeit haben sich mehrere Arten von Pfarreien ausgeprägt. Die gängige Form ist die Territorialpfarrei. Bei der Territorialpfarrei werden die auf einem abgegrenzten Gebiet lebenden Gläubigen einer Pfarrei zugewiesen. Jeder Territorialpfarrei können eine oder mehrere Filialgemeinden zugewiesen sein. Seltener ist die Personalpfarrei, die einen gewissen nicht gebietsabhängigen Kreis von Gläubigen zusammenfasst. Sie stellt insoweit eine Durchbrechung des sich aus can 374 § 1 CIC ergebenden Territorialitätsprinzips dar[3] . Personalpfarreien werden insbesondere errichtet, um den seelsorglichen Bedürfnissen von bestimmten Gruppen entgegenzukommen. Ein Fall der Personalpfarrei sind die Gemeinden für Katholiken anderer Muttersprache. Nach dem *Motu proprio* Summorum pontificum sind Bischöfe ausdrücklich ermächtigt, Personalpfarreien für Gläubige einzurichten, die die Sakramente nach den liturgischen Büchern von 1962 (Tridentinischer Ritus) empfangen wollen.

Von der gewöhnlichen Pfarrei zu unterscheiden sind die Pfarrvikarien, -lokalien, -kuratien und -rektorate. Dabei handelt es sich um Quasipfarreien, die nicht denselben Status wie eine kanonische Pfarrei besitzen, dieser jedoch weitgehend gleichgestellt sind.

Abgrenzung zum Begriff Kirchengemeinde

Von der Pfarrei ist die Kirch(en)gemeinde zu unterscheiden. Der Begriff der Kirchengemeinde kommt im katholischen Kirchenrecht nicht vor. In Deutschland ging das Allgemeine Preußische Landrecht von protestantischen Begrifflichkeiten aus und betrachtete die Kirchengemeinde wegen deren Funktion bei der Vermögensverwaltung als juristische Person. Dies setzte sich im Staatskirchenrecht durch, so dass der Staat die Gesamtheit der Angehörigen einer Pfarrei als Kirchengemeinde betrachtete, obgleich diese bis 1983 keine Rechtspersönlichkeit im innerkirchlichen Recht besaß[4] (Rechtsträger der Pfarrei war damals die Kirchenstiftung). Daher kommt der Kirchengemeinde heute in Deutschland eine entscheidende Bedeutung im Staatskirchenrecht zu, wobei sie jedoch von der Pfarrei zu unterscheiden ist. So kann eine Pfarrei durchaus aus zwei Kirchengemeinden bestehen, die dann auch jeweils einen Vermögensverwaltungsrat (Verwaltungsrat, Kirchenverwaltungsrat) haben. In der Schweiz gibt es in Kantonen mit Landeskirchenmodell ebenfalls einen Dualismus zwischen staatlicher und kirchlicher Struktur, wobei dieser noch wesentlich bedeutender ist, weil die betreffenden Kantone die Anerkennung der Kirche als Religionsgemeinschaft von bestimmten Bedingungen, etwa einer demokratischen Wahl des Pfarrers, abhängig gemacht hat. Die so als Parallelstruktur zu Bistum und Pfarrei existierenden Landeskirchen und Kirchgemeinden erhielten so das Besteuerungsrecht als vom Kanton geliehene Hoheitsgewalt[5] .

Einzelnachweise

[1] Krämer, *Pfarrei*, in LThK, S. 164
[2] Aymans/Mörsdorf, *Kanonisches Recht*, Bd. II, S. 419
[3] Aymans/Mörsdorf, *Kanonisches Recht*, Bd. II, S. 414
[4] Lederer, *Kirchengemeinde*, in LThK, 2. Auflage, S. 207
[5] A. Loretan, Scriptum Religionsverfassungsrecht, S. 22 (http://www.unilu.ch/files/scriptum_staatliches-religionsverfassungsrecht.pdf)

Literatur

- Peter Krämer, Pfarrei, in: LThK, 3. Auflage, Herder Verlag
- Aymans - Mörsdorf, Kanonisches Recht, Schöningh Verlag, Paderborn 1997, ISBN 3-506-70482-6

Generalvikar

Ein **Generalvikar** (Latein: *vicarius generalis*, *vicarius* „Stellvertreter“) ist in der Römisch-Katholischen Kirche sowie der Alt-Katholischen Kirche der Stellvertreter eines residierenden Bischofs und ist für die Verwaltung der Diözese zuständig. Er leitet das Generalvikariat, die zentrale Verwaltungsbehörde der Diözese.

Geschichte

Bereits im Mittelalter setzten Diözesanbischöfe Generalvikare – seinerzeit *Archidiakon* oder *Erzdiakon* genannt - ein, die mit der Verwaltung des entsprechenden bischöflichen Gebiets betraut wurden. Sie konnten auch Aufgaben des Bischofs ausüben, seien es liturgische Feiern (beispielsweise Heilige Messen, Andachten, Wallfahrten), das Weihen von Kirchen oder das Einsetzen von Pfarrern.

Aufgabe und Vollmacht

Der Codex Iuris Canonici (CIC), das kirchliche Gesetzbuch, widmet dem "Vicarius generalis" einen eigenen Artikel (Can. 475-481).

Der Generalvikar „unterstützt den Diözesanbischof bei der Leitung der ganzen Diözese“ (Can. 475,1 CIC) und ist dazu nach Maßgabe des geltenden Kirchenrechts mit stellvertretender ordentlicher Gewalt oder Vollmacht (*potestas ordinaria vicaria*, im Sinne von Can. 131 § 2 CIC) ausgestattet.

> „Dem Generalvikar kommt kraft Amtes in der ganzen Diözese die ausführende Gewalt (*potestas executica*) zu, die der Diözesanbischof von Rechts wegen hat, um alle Verwaltungsakte erlassen zu können, ausgenommen jene, die sich der Bischof selbst vorbehalten hat oder die von Rechts wegen ein Spezialmandat des Bischofs erfordern.“
>
> – Can. 479,2 CIC

Dem Generalvikar kommt also von Amts wegen die Erledigung der allgemeinen Verwaltungsangelegenheiten zu, wie auch außerdem die Erledigung der Aufgaben, die ihm vom Bischof übertragen worden sind (*potestas executica a ordinario delegata*, im Sinne von Can. 479,1 CIC). Die Aufgaben und Amtsbefugnisse des Generalvikars sind also immer auch von der Definition und Delegation des jeweiligen Diözesanbischofs abhängig.

Die Aufgaben und Vollmachten eines Generalvikars werden teilweise interpretativ ausgeweitet, indem er als „persönlicher“ Stellvertreter des Diözesanbischofs oder gar als dessen alter ego bezeichnet wird. Beide Auffassungen widersprechen jedoch der objektiv-funktionalen Aufgabenstellung, aus der kein persönliches Näheverhältnis abgeleitet werden kann. Trotzdem hat ein Generalvikar als Stellvertreter noch vor den Weihbischöfen das zweithöchste Amt in einer Diözese nach dem des Diözesanbischofs. Er ist jedoch stets von diesem abhängig und hat seinen Anordnungen und Weisungen Folge zu leisten.

Das Amt des Bischofsvikars (*vicarius episcopalis*) ist dem Generalvikar administrativ gleichgesetzt, hat aber eine jurisdiktionelle Einschränkung auf ein bestimmtes Segment innerhalb einer Diözese. Ein Offizial ist der Vorsteher eines Kirchengerichtes (*tribunal ecclesiasticum*) und als Gerichtsvikar Vertreter des Diözesanbischofs am Gericht, in dessen Namen er Recht spricht.

Erfordernisse und Amtszeit

Ein Generalvikar muss Priester sein, mindestens 30 Jahre alt und Doktor oder Lizentiat (Lic. theol.) im kanonischen Recht oder der Theologie, außerdem „ausgewiesen durch Rechtgläubigkeit, Rechtschaffenheit, Klugheit und praktische Verwaltungserfahrung" (Can 478,1 CIC) und mit dem Bischof höchstens im fünften Grad blutsverwandt (Can 478,2 CIC).

Ein Generalvikar wird gemäß Can. 477 CIC vom Diözesanbischof frei ernannt und kann von ihm frei abberufen werden. Die Gewalt des Generalvikars erlischt mit Zeitablauf der Beauftragung, mit Amtsverzicht oder mit Abberufung durch den Diözesanbischof. Da der Generalvikar der Stellvertreter des Diözesanbischofs ist, verliert er bei Tod, Verzicht, Versetzung, Absetzung oder Suspendierung des Diözesanbischofs ebenfalls sofort sein Amt (Can 481 CIC).

Generalvikare in Ordensgemeinschaften

Ordensgemeinschaften, die an ihrer Spitze einen Generaloberen haben, kennen für dessen Stellvertreter ebenfalls den Titel Generalvikar. In diesem Kontext gibt es dann in einigen Schwesternorden auch Generalvikarinnen.

Weltliche Generalvikare

Im Mittelalter bezeichnete man mit Vikar auch die Stellvertreter weltlicher Machthaber. Der Generalvikar insbesondere war der Stellvertreter des Königs oder Kaisers in einem Gebiet, das keiner direkten herzoglichen Gewalt unterstand.

Siehe auch: Reichsvikar bzw. *Reichsverweser*

Ähnliche Amtsbezeichnungen

- Koadjutor
- Patriarchalvikar
- Kapitularvikar
- Provikar
- Militärvikar

Weblinks

- Aufgabenbeschreibung (Beispiel) [1]
- Organisation am Beispiel des GV Köln [2]

References

[1] http://www.bistummainz.de/bistum/bistum/generalvikar/aufgab.html
[2] http://www.erzbistum-koeln.de/erzbistum/zukunftheute/generalvikariat/

Diözesanpriester

Ein **Diözesanpriester**, auch **Weltpriester**, **Weltgeistlicher**, ist ein römisch-katholischer Priester. Er dient der Kirche innerhalb einer Diözese (auch Bistum genannt). Im Unterschied zum Ordenspriester ist der Diözesanpriester in der Regel einer Diözese inkardiniert und wird vorrangig zur Seelsorge der Gemeinden und zu Sonderdiensten innerhalb der Diözese eingesetzt. Er erfüllt die klassischen Aufgaben des Klerus, nämlich das Volk Gottes zu lehren, zu führen und durch Sakramentenspendung zu heiligen.

Priester in Rom

Alle katholischen Priester unterstehen einem Oberen. Im Fall des Diözesanpriesters ist dies der Ortsbischof. Der Priester verspricht Ehelosigkeit und Gehorsam und Ehrfurcht gegenüber dem Bischof. Den Lebensunterhalt bezieht er von seinem Bischof, der auch den Einsatz des Priesters bestimmt.

Diözesanpriester unterscheiden sich von Ordenspriestern in mehrfacher Hinsicht. Beide sind zwar im selben Ritus zum Priester geweiht worden, der Ordenspriester gelobt jedoch ein Leben nach den evangelischen Räten (Armut, ehelose Keuschheit, Gehorsam), lebt nach einer Ordensregel und untersteht dabei direkt einem Ordensoberen. Als Angehöriger eines Ordens trägt er in der Regel einen Habit. Auch ein Diözesanpriester ist rechtlich verpflichtet, als Priester erkennbar zu sein (Codex Iuris Canonici, can. 284).

Priester sollen täglich das eucharistische Opfer darbringen (can. 276) und sind zur Feier des Stundengebets verpflichtet.

Siehe auch

- Liste der katholischen Bistümer
- Priesterseminar

Ordensschwester

Schwesternkonvent in New Orleans in traditioneller Tracht, um 1900

Eine **Ordensschwester** oder **Ordensfrau** ist ein weibliches Mitglied einer Ordensgemeinschaft. Die Ordensschwester weiht ihr Leben Gott und dem Dienst an den Menschen. Sie ist durch Gelübde oder Versprechen an Gott, die Kirche und ihre Gemeinschaft gebunden und dabei ihrer Oberin (beispielsweise einer Äbtissin oder Priorin) unterstellt.

Ordensschwestern werden oft fälschlich generell als **Nonnen** bezeichnet. Nonnen sind jedoch nur die in Klausur lebenden, weiblichen Angehörigen monastischer Orden. Die männliche Entsprechung der *Nonne* ist der Mönch.

Ordensschwestern in Kölner Dom, 2010

Bestimmt wird die Lebensform aller Ordensleute durch die Evangelischen Räte (d. h. Ratschläge des Evangeliums), deren Einhaltung sie mit ihrer Profess öffentlich versprechen:

- Armut (Verzicht auf persönlichen Besitz)
- Ehelosigkeit (Verzicht auf Ehe und Familie sowie die Führung eines Lebens in vollkommener Keuschheit)
- Gehorsam (Bindung an die gewählte Lebensform unter der Führung eines Ordensoberen nach einer Ordensregel)

Ein wichtiges Wesenselement des Ordenslebens ist darüber hinaus das Leben in Gemeinschaft, etwa in Klöstern, Konventen, Fraternitäten oder anderen Kommunitäten.

Ordensschwestern bzw. Nonnen gibt es in praktisch allen vorreformatorischen christlichen Kirchen. Nicht zu den Ordensschwestern gezählt werden die ohne Ordensgelübde auf *Beginenhöfen* lebenden Beginen und die evangelischen Diakonissen. Auch die Mitglieder katholischer Säkularinstitute werden nicht als Ordensfrauen oder -männer bezeichnet, obwohl auch sie häufig Gelübde oder Versprechen ablegen.

Ordensfrauen gehören in den Kirchen, die das Weihesakrament kennen und keine Frauenordination zulassen, grundsätzlich nicht zum Klerus. Traditionell bilden sie vielmehr (zusammen mit nicht-geweihten männlichen Religiosen, Eremiten, gottgeweihten Jungfrauen und Witwen) einen eigenen geistlichen Stand, der weder klerikalen noch laikalen Charakter besitzt: den *Stand des geweihten Lebens* (Vita consecrata = geweihtes Leben) [1] [2] Kirchenrechtlich gesehen sind sie in der lateinischen Kirche heute aber den Laien zuzurechnen[3] .

Einzelnachweise

[1] CIC, Can. 588, § 1. *Der Stand des geweihten Lebens ist seiner Natur nach weder klerikal noch laikal.*

[2] *Gemäß der überlieferten Lehre der Kirche ist das geweihte Leben seiner Natur nach weder laikal noch klerikal, und darum stellt die „Weihe von Laien", von Männern wie Frauen, einen in sich vollkommenen Stand der Gelübde der evangelischen Räte dar. Sie hat daher sowohl für die betreffende Person als auch für die Kirche einen eigenen Wert, unabhängig vom Weiheamt.* (Johannes Paul II., Nachsynodales Apostolisches Schreiben Vita consecrata – über das geweihte Leben und seine Sendung in Kirche und Welt, vom 25. März 1996)

[3] Can. 207 CIC: *„Kraft göttlicher Weisung gibt es in der Kirche unter den Gläubigen geistliche Amtsträger, die im Recht auch Kleriker genannt werden, die übrigen dagegen heißen auch Laien."* Bruno Primetshofer (*Ordensrecht.* Rombach, Freiburg i. B., 4. Auflage 2003, S. 28) stellt im Anschluss an das oben stehende Zitat aus dem Kodex noch einmal ausdrücklich klar: *„Christen, die sich zu einem Leben nach den Evangelischen Räten verpflichtet haben, stellen nach dem CIC keinen zusätzlichen Stand in der Kirche dar, sondern sind entweder Kleriker oder Laien."*

Siehe auch

- Liste der katholischen Frauenorden
- Virgo consecrata
- Vita consecrata

Römischer_Ritus

Als **Römischer Ritus** wird die seit der Spätantike in Rom gefeierte Liturgie bezeichnet, die Heilige Messe, die Feier der Sakramente und Sakramentalien sowie die Feier des Stundengebets, der Feste und geprägten Zeiten der römisch-katholischen (lateinischen) Kirche. Ebenfalls als *Römisch* wird das zur Messfeier gehörige Messbuch (Missale Romanum) bzw. die Ritusbücher (Pontificale Romanum, Rituale Romanum) und das Stundenbuch (siehe auch Brevier) bezeichnet. Die nachstehenden Ausführungen beziehen sich hauptsächlich auf die Feier der Heiligen Messe im Römischen Ritus.

Geschichte

Hochaltar im Kölner Dom zur Feier der Heiligen Messe in der heutzutage üblichen ordentlichen Form (forma ordinaria).

Der Römische Ritus wurde anfangs nur in Rom gefeiert. Im Laufe der Jahrhunderte hat sich der römische Ritus auch in den Ländern verbreitet, die sich auf den Papst als Oberhaupt der Kirche bezogen. Daneben entstanden aber auch lokale Traditionen (z. B. in Frankreich: Gallikanischer Ritus, der Ambrosianische Ritus in Mailand, in England: Sarum-Usus, entstanden in Salisbury).

Frühes Christentum

Es ist unklar, wann genau Griechisch als Liturgiesprache abgeschafft und Latein anstelle der griechischen Sprache eingeführt wurde. Papst Viktor I. (190 - 202) könnte der erste Papst gewesen sein, der in Rom die Heilige Messe in lateinischer Sprache feierte. Vermutlich fand der Wechsel der Liturgiesprache nach und nach statt, und beide Sprachen wurden eine Weile nebeneinander verwendet.

Vor dem Pontifikat Gregor des Großen (590 - 604) gab es viele Änderungen des Römischen Ritus, inbegriffen eine „komplette

Umgestaltung des Kanons". [1] Unter Papst Gregor fand eine allgemeine Überarbeitung des Ritus' statt, die „vieles entfernte, ein wenig änderte, einiges hinzufügte". [2]

Mittelalter

Gegen Ende des achten Jahrhunderts befahl Karl der Große die Verwendung des römischen Messritus in seinem Herrschaftsbereich. Nördlich der Alpen wurden einige Elemente des vorher verwendeten Gallikanischen Ritus mit dem Römischen Ritus verbunden. Unter dem Einfluss der Nachfolger Karls des Großen wurde dieser römisch-fränkische Mischritus später in Rom eingeführt und somit für die lateinische Kirche maßgeblich.

Hochaltar mit Tabernakel zur Feier der Heiligen Messe in der außerordentlichen Form (forma extraordinaria).

Liturgiereform gemäß dem Beschluss des Konzils von Trient

Die Reformation kritisierte nicht nur vorhandene gottesdienstliche Missbräuche, sondern bestritt auch die überlieferte katholische Lehre vom Messopfer der Eucharistie. Beides machte aus Sicht der Konzilsväter des Konzils von Trient (1545 -1563) eine Vereinheitlichung der Liturgie erforderlich, um die Gültigkeit und die Würde der Feiern zu sichern. Aus Zeitgründen übertrug das Konzil die Erstellung und Veröffentlichung der reformierten liturgischen Bücher dem Papst in Rom. Gemäß dem Beschluss des Konzils von Trient wurden in den folgenden Jahrzehnten alle gottesdienstlichen Bücher revidiert und amtlich veröffentlicht. Unter Papst Pius V. erschien 1570 das Messbuch unter dem Titel Missale Romanum (vormals: *Missale secundum consuetudinem Romane Curie*). Für diesen Druck wurden, so die Bulle Quo primum tempore, die ältesten damals verfügbaren Handschriften und Messbücher herangezogen, um Verformungen zu beseitigen und um eine möglichst traditionstreue Fassung aus der Zeit vor den Unruhen der Reformation wiederherzustellen (*restituere*). Tatsächlich handelt es sich hierbei lediglich um eine Überarbeitung des *Missale curiae*, des Messbuchs der Römischen Kurie, von dem zwischen 1474 und 1570 etwa 300 Ausgaben gedruckt worden waren. Das *Missale Romanum* Pius' V. wurde in der ganzen (abendländischen) Kirche für verbindlich erklärt, nur Bistümer und Orden, die seit wenigstens zwei Jahrhunderten eine eigene Diözesan- oder Ordensliturgie besaßen, durften ihre besonderen gottesdienstlichen Bücher weiterhin verwenden. Auch Übersetzungen in verschiedene Landessprachen blieben erhalten (Altslawischer Ritus) oder wurden in der Folgezeit erstmals genehmigt (z. B. in das Persische, Äthiopische und Chinesische). Mit und nach dem Konzil von Trient setzte sich im katholischen Kirchenbau seit dem 16. Jahrhundert die pastoral motivierte Regel durch, den Gläubigen die unbehinderte Sicht auf das liturgische Geschehen am Hauptaltar zu ermöglichen (z. B. durch Entfernung vorhandener Lettner)[3] . Der sich im 20. Jahrhundert verbreitende sogenannte Volksaltar steht in dieser Tradition.

Die Liturgiereform des Tridentinums unterscheidet sich von der des 20. Jahrhunderts somit vor allem durch ihren geringen Umfang sowie weniger fortgeschrittene liturgiegeschichtliche Kenntnisse, besonders über den Gottesdienst der Alten Kirche und der Ostkirchen. Die liturgischen Bücher wurden von den nachfolgenden Päpsten mehrfach revidiert und verbessert und teilweise an die Erfordernisse der jeweiligen Zeit angepasst. Bedeutende Änderungen des Missale Romanum vor dem Zweiten Vatikanischen Konzil waren die unter Papst Pius XII. (1939 - 1958) durchgeführte Neuordnung der Liturgie der Osternacht und der Heiligen Woche sowie die durch Papst Johannes

XXIII. (1958 -1963) vorgenommene Veröffentlichung des unter Pius XII. vorbereiteten Codex Rubricarum. Auf dieser Grundlage beruht die Editio typica des Missale Romanum von 1962 (siehe auch: Tridentinische Messe). Mit dem Motu proprio „Rubricarum Instructum" schrieb Papst Johannes XXIII. die ausschließliche Verwendung dieses neugestalteten Missale Romanum vor und setzte die früheren *Rubricae generales* des Missale Romanum mit Wirkung vom 1. Januar 1961 außer Kraft. Dabei widerrief er ausdrücklich jegliche entgegenstehenden Privilegien, Indulte und Bräuche „etiam saecularia et immemorabilia", das heißt, „auch wenn seit Jahrhunderten oder seit unvordenklichen Zeiten bestehend".

Eine stärker werdende liturgische Erneuerungsbewegung, die im 19. Jahrhundert ihren Anfang nahm, forderte jedoch tiefgreifendere Reformen. Diese wurden erst durch das Zweite Vatikanische Konzil möglich (s. u.).

Liturgiereform gemäß dem Beschluss des Zweiten Vatikanischen Konzils

Am 4. Dezember 1963 verkündet das Zweite Vatikanische Konzil in seiner Konstitution über die heilige Liturgie (Sacrosanctum Concilium):

> „Der Mess-Ordo soll so überarbeitet werden, dass der eigentliche Sinn der einzelnen Teile und ihr wechselseitiger Zusammenhang deutlicher hervortreten und die fromme und tätige Teilnahme der Gläubigen erleichtert werde. Deshalb sollen die Riten unter treulicher Wahrung ihrer Substanz einfacher werden. Was im Lauf der Zeit verdoppelt oder weniger glücklich eingefügt wurde, soll wegfallen. Einiges dagegen, was durch die Ungunst der Zeit verlorengegangen ist, soll, soweit es angebracht oder nötig erscheint, nach der altehrwürdigen Norm der Väter wiederhergestellt werden. Auf dass den Gläubigen der Tisch des Gotteswortes reicher bereitet werde, soll die Schatzkammer der Bibel weiter aufgetan werden, so dass innerhalb einer bestimmten Anzahl von Jahren die wichtigsten Teile der Heiligen Schrift dem Volk vorgetragen werden."

Fast alle im Konzil versammelten Bischöfe erachteten eine Liturgiereform als dringend notwendig. Die wohl augenscheinlichsten Änderungen durch die Liturgiereform sind die Möglichkeit, die Messe allgemein in der *Volkssprache* zu feiern, und der Wunsch nach tätiger und bewusster Teilnahme der Laien an der Liturgie.

Papst Paul VI. ordnete nach dem Konzil die Umsetzung der Liturgiekonstitution und damit die Herausgabe eines neuen Messbuchs an. Er promulgierte am Gründonnerstag 1969 die Veröffentlichung einer neuen Ausgabe des Römischen Messbuchs, die 1970 erschien und die Editio typica Johannes' XXIII. von 1962 und den Ordo missae von 1965 ersetzte. In der Apostolischen Konstitution „Missale Romanum" erklärte Paul VI.:

> „Unsere Anordnungen und Vorschriften sollen jetzt und in Zukunft gültig und rechtskräftig sein, unter Aufhebung jedweder entgegenstehender Konstitutionen und Verordnungen Unserer Vorgänger sowie aller übrigen Anweisungen, welcher Art sie auch seien."

Seither benutzt der Römische Ritus mehrere Eucharistische Hochgebete neben dem überlieferten Römischen Messkanon, dessen Text nur überarbeitet wurde. Paul VI. redigierte überdies die Wandlungsworte, die einheitlich für jede gültige Messfeier vorgeschrieben sind. Neben der Feier der Eucharistie wurden auch die anderen Sakramente, die Feier des Stundengebets und der liturgische Kalender erneuert.

Näheres unter: Liturgiereform

Römischer Ritus heute

Die Ausgabe des Römischen Messbuchs von 1970 wurde, nach einer zweiten Ausgabe von 1975 noch unter Paul VI., durch Papst Johannes Paul II. 2000 in dritter Fassung herausgegeben, aber nur geringfügig geändert. Es erschien 2002 in lateinischer Fassung (Missale Romanum). Diesem Missale sind neben den vier 1968 gefassten Hochgebeten die zwei Hochgebete zur Versöhnung von 1975 sowie im Anhang Hochgebete für Messen mit Kindern und vier Varianten für Hochgebete in Messfeiern in besonderen Anliegen (aus den ehemaligen sogenannten „Schweizer Hochgebeten" hervorgegangen) beigefügt worden. Die Übersetzung dieser neuen Ausgabe des Messbuches in die verschiedenen Muttersprachen steht noch aus.

Im Apostolischen Schreiben *Sacramentum Caritatis* (2007) empfiehlt Papst Benedikt XVI. einen breiteren Gebrauch des Lateinischen in Messfeiern bei internationalen Veranstaltungen. Darüber hinaus sollen generell „die Gläubigen angeleitet werden, die allgemeinsten Gebete in Latein zu kennen und gewisse Teile der Liturgie im gregorianischen Stil zu singen."[4]

Im Jahr 1988 promulgierte Papst Johannes Paul II. eine eigene Variante des Römischen Ritus' für die Diözesen des damaligen Zaïre – den sogenannten Zaïrischen Messritus.

Neben der ordentlichen Form (*forma ordinaria*) des Römischen Ritus', die mit den durch die Päpste Paul VI. und Johannes Paul II. promulgierten liturgischen Büchern in Latein und in lebenden Sprachen gefeiert wird, dürfen Priester und Priestervereinigungen unter bestimmten Bedingungen auch die Liturgie von 1962 – als außerordentliche Form (*forma extraordinaria*) des Römischen Ritus' – feiern (Tridentinische Messe). Mit dem Apostolischen Schreiben Summorum Pontificum (2007) wurde die Anwendung der *forma extraordinaria* der Verantwortung der Ortsbischöfe und der Päpstliche Kommission Ecclesia Dei übertragen.

In römisch-katholischen Pfarreien der Vereinigten Staaten mit „Anglican Use" findet stattdessen das Book of Divine Worship Verwendung.

Aufbau der Heiligen Messe im Römischen Ritus der römisch-katholischen Kirche

siehe Hauptartikel Heilige Messe und Gemeindemesse

Aufbau der Heiligen Messe in der Alt-Katholischen Kirche in Deutschland

Der Ablauf und die Gestalt der **heiligen Messe** (auch *heiliges Amt* oder *heilige Eucharistie* genannt), wie sie in der Alt-Katholischen Kirche in Deutschland ursprünglich gefeiert wurde, war bis in die 1980er Jahre eine größtenteils getreue volkssprachliche Wiedergabe des Römischen Ritus in seiner tridentinischen Form, bis durch eine Liturgiereform unter der Ägide des damaligen Vorsitzenden der Liturgischen Kommission, dem Dekan und nachmaligen Bischof Sigisbert Kraft, der Aufbau der alt-katholischen Eucharistiefeier der nachkonziliaren römisch-katholischen Liturgie angepasst wurde.

Altarbuch 1959	Spezifika	Eucharistiebuch 1995/2006	Spezifika
		Eröffnung	
Stufengebet	P tief verneigt, Kreuzzeichen, Altarkuss, Absolution Die Gemeinde kniet.		
Einzugslied (Introitus)	Die Gemeinde steht bis zur Predigt.	Introitus – Eröffnungsgesang	Psalm mit Kehrvers oder Eröffnungslied oder Kyrielitanei oder -lied Altarkuss; ggf. Inzens des Altares Die Gemeinde steht.
Kyrie	ggf. Inzens des Altares	Kyrierufe	falls nicht schon zum Einzug zuvor: Begrüßung (*„Im Namen des Vaters"*)
Gloria	nur an Sonntagen und Hochfesten; nicht im Advent und in der Fastenzeit; Kreuzzeichen zum Abschluss	Gloria oder Glorialied	entfällt an Wochentagen, an Sonntagen im Advent und in der Fastenzeit
Kirchengebet	epistelseitig zuvor: Altarkuss und Gruß	Gebet des Tages	vom Priestersitz aus
		Wortgottesdienst	Alle setzen sich.

Lesung (Epistel)	ggf. durch Subdiakon	Erste Lesung	in der Regel aus dem Alten Testament
Zwischengesang (Graduale)		Antwortpsalm	
–		Zweite Lesung	in der Regel aus dem Neuen Testament
Halleluja bzw. Bußgesang (Tractus)		Ruf vor dem Evangelium	Alle erheben sich.
Evangelium	ggf. durch den Diakon kleines Kreuzzeichen ggf. Inzens; Kuss des Buches	Evangelium	kleines Kreuzzeichen, Kuss des Buches, ggf. Inzens
Predigt	Die Gemeinde sitzt.	Predigt oder eine andere Form der Verkündigung	Die Gemeinde sitzt.
Glaubensbekenntnis (Nizänum)	Kreuzzeichen zum Abschluss Credo nur sonntags	Glaubensbekenntnis	Apostolicum oder Nizänum entfällt an Wochentagen Die Gemeinde steht.
(Fürbitten)	nur in der Zweiten Ordnung	Fürbitten	anschließend: Friedensgruß
Opferbereitung		**Mahl des Herrn**	
Gebet über die Gaben (Secreta)	zuvor: ggf. Gabenprozession (Subdiakon/Diakon) Altarkuss, Gruß, Begleitgebete Erhebung des Brotes Vermischung des Weines mit Wasser Erhebung des Kelches ggf. Segnung weiterer Gaben ggf. Inzens (ohne Personeninzens) Händewaschung und Versikel	Bereitung der Gaben	Mischung, Inzens, Händewaschung fakultativ; Gemeindelied, Stille oder Begleitgebete Versikel und/oder Gebet über die Gaben
Dankgesang (Präfation)	zuvor: Eingangsdialog	Eucharistiegebet mit Eingangsdialog, Präfation,	Alle erheben sich.
Heilig	dreimaliges Schellenzeichen	Sanctus	
Darbringung und Weihe			
(Canon Missae)	Kniebeuge vor und nach der Elevation der Hostie und des Kelches und nach Beendigung der Doxologie; insgesamt 22 Kreuzzeichen über die Gaben Die Gemeinde kniet auf ein Klingelzeichen hin.	Einsetzungsbericht, anamnetischer Akklamation, Epiklese, Doxologie (Großer Lobpreis), Amen	1 Kreuzzeichen über die Gaben, Nachahmungsgesten (außer Brechung der Hostie) Alle am Altardienst Beteiligten machen nach Beendigung des Gebets eine Kniebeuge.
Opfermahl			
Brotbrechung und Einsenkung einer Hostienpartikel in den Kelch	Agnus Dei als Begleitgesang Die Gläubigen schlagen sich an die Brust.	Vater unser	ohne Embolismus; kann auch dem Brotbrechen folgen
Vater unser	mit Embolismus	Friedensgruß	falls nicht bereits zum Abschluss der Fürbitten Antwort: *„Friede mit uns allen!"*
Friedensgruß	anschließend: Kommuniongebete Schellenzeichen – Die Gemeinde kniet. Versikel: *„Herr, ich bin nicht würdig"* Die Gläubigen schlagen sich an die Brust.	Brotbrechen	Agnus Dei oder ein anderer Brotbrechungsgesang oder Stille

Kommunion	zuerst Priester, dann Gläubige; währenddessen: Antiphon	Austeilung des Heiligen Mahles	zuvor: Einladungswort Kniebeuge des Priesters
Kelchkommunion des Priesters	anschließend: Purifikation und Gebet nach der Kommunion	Danklied, Psalm oder Stille	Überbringung der Hostien in den Tabernakel und der Gefäße zur Kredenz
Dankgebet (Postcommunio)	zuvor: Gruß	Gebet nach der Kommunion	ggf. folgen Ankündigungen für die Gemeinde
		Segen und Entlassung	
Entlassungsruf	zuvor: Gruß	Vor dem Segen	Gruß; vor dem bischöflichen Segen: Versikel
Segen	mit Kreuzzeichen über die Gemeinde. Die Gemeinde kniet.	Segensbitte	anschließend: Entlassungsruf Altarkuss

Weblinks

- Allgemeine Einführung in das Römische Messbuch [5]
- Schott-Messbuch – Originaltexte der authentischen deutschen Ausgabe des Messbuches und des Messlektionars [6]
- CATHOLIC ENCYCLOPEDIA: The Roman Rite [7]
- romanrite.com [8] – englischsprachige Website zum Thema Römischer Ritus

Einzelnachweise

[1] Catholic Encyclopedia, *Liturgy of the Mass* (http://www.newadvent.org/cathen/09790b.htm)
[2] Johannes Hymonides, Biograph Gregor des Großen
[3] Bernard Chédozeau, Chœur clos, chœur ouvert. De l'église médiévale à l'église tridentine (France, XVIIe-XVIIIe siècle), Paris, Cerf, 1998.
[4] Heiliger Stuhl: Nachsynodales Apostolisches Schreiben *Sacramentum Caritatis* (http://www.vatican.va/holy_father/benedict_xvi/apost_exhortations/documents/hf_ben-xvi_exh_20070222_sacramentum-caritatis_ge.html), abgerufen am 14. März 2007.
[5] http://www.liturgie.de/aem.html
[6] http://erzabtei-beuron.de/schott/index.php
[7] http://www.newadvent.org/cathen/13155a.htm
[8] http://www.romanrite.com/

Sakralsprache

Unter **Sakralsprache** versteht man eine nur oder überwiegend in einem religiösen Kontext gebrauchte Sprache. Viele Literatursprachen sind auch oder nur Sakralsprachen.

Liturgiesprachen (von griech.: λειτουργια leitourgia öffentlicher Dienst aus leitos öffentlich von λαος laos Volk; und εργον érgon Werk, Dienst) sind im Gottesdienst der verschiedenen Religionen verwendete Sprachen (siehe auch: Liturgie). Diese Sprachen haben oft für die jeweilige Glaubensgemeinschaft eine wichtige historische Rolle gespielt, werden aber im heutigen Alltag nicht mehr benutzt. Die bekannteste in Europa gebräuchliche Liturgiesprache ist Latein in der römisch-katholischen Kirche.

Liturgiesprachen im Christentum

Neben den jeweiligen Volkssprachen verwenden gerade ältere christliche Kirchen weiterhin Liturgiesprachen.

- Der lateinische Ritus anerkennt Lateinisch und vor allem seit dem Zweiten Vatikanischen Konzil die jeweiligen Landessprachen als Liturgiesprachen, wobei der lateinischen Sprache eine besondere Bedeutung erhalten bleiben werden soll. Die katholischen Ostkirchen verwenden in ihren Liturgien jene Sprachen, die auch in ihren nicht-katholischen Mutterkirchen in Gebrauch sind.
- Kirchenslawisch ist die Liturgiesprache der russischen orthodoxen Kirche und anderer Kirchen slawischer Tradition.
- Im westsyrischen und im ostsyrischen Ritus ist das klassische Syrisch Liturgiesprache.
- Im alexandrinischen Ritus gelten die koptische Sprache und die altäthiopische Sprache *Ge'ez* als Liturgiesprachen, und im armenischen Ritus die Armenische Sprache.
- Die Amischen, Hutterer und einige konservative Mennoniten in Nordamerika verwenden ein altertümlich gefärbtes Hochdeutsch, zum Teil beeinflusst vom Pennsylvania Dutch oder Hutterischen.
- Kakure Kirishitan, ein entstelltes und unverstandenes Kauderwelsch portugiesischer, lateinischer und japanischer liturgischer Fragmente der japanischen Untergrundkatholiken.
- Falls in den protestantischen Kirchen überhaupt eine bestimmte Sprache für die Liturgie festgelegt ist, ist dies in der Regel die jeweilige Landessprache; in Dialektgebieten wird aber meist die jeweilige Hochsprache verwendet. Auch manche Protestanten kennen aber eine Art von Sakralsprache; in anglikanischen Kirchen werden z. B. oft noch die alten Personalpronomen der 2. Person Singular aus dem Frühneuenglischen verwendet -- *thou, thee, thy, thine, thyself* statt *you, you, your, yours, yourself*
- Im weitesten Sinne gehören die Rastafaris auf Jamaika ebenfalls hierher. Sie verwenden eine spezielle Form des Jamaika-Kreolisch, die sie durch gezielte Sprachreform ihrem Glauben angepasst haben.

Weitere Sakral- und Liturgiesprachen

Altertum

- Sumerisch seit 1700 v. Chr. nicht mehr gesprochen aber weiterhin bis ins 1. Jahrtausend v. Chr. Kult- und Literatursprache zwischen Euphrat und Tigris
- Hattisch der von den Hethitern unterworfenen Hattier als Kultsprache im Hethitischen Großreich
- Altlatein der Priesterschaft der Salier in Rom aus spätestens frührepublikanischer Zeit

Judentum

- Hebräisch seit dem babylonischen Exil im jüdischen Gottesdienst
- Aramäisch im Judentum seit der mittleren Antike zum Studium des Talmuds
- Samaritanisch als Sprache des samaritanischen Pentateuch und der samaritanischen Religionsausübung

Zoroastrismus

- avestische Sprache, die altiranische Sprache des Avesta ist die Sprache des heiligen Buches des Zoroastrismus.

Mandäer

- Mandäisch war eine aramäische Sprache der Mandäer

Islam

- Klassisches Arabisch im islamischen Gottesdienst

Hinduismus

- Sanskrit und sein Vorgänger Vedisch im Hinduismus und im Mahayana-Buddhismus

Buddhismus

- Pali im Theravada-Buddhismus
- klassisches Tibetisch im Vajrayana-Buddhismus
- Klassisches Chinesisch im Buddhismus Ostasiens, auch außerhalb Chinas (auch im Daoismus)

Shinto

- Altjapanisch im Shinto

Voodoo

- Die *Haitian Vodoun Culture Language*, eine Form der Yoruba-Sprache, wird im Voodookult auf Haiti ausschließlich für kultische Zwecke verwendet.

Siehe auch

- Lateinische Kirche

Filipino

Filipino	
Gesprochen in	Philippinen
Linguistische Klassifikation	• Austronesisch Malayo-polynesisch West-Malayo-Polynesisch Zentralphilippinisch **Filipino**
Offizieller Status	
Amtssprache von	Philippinen
Sprachcodes	
ISO 639-1:	-
ISO 639-2:	fil
ISO 639-3:	fil

Filipino (tag.: *Wikang Filipino*, dt. „philippinische Sprache") ist die offizielle Bezeichnung einer Sprachebene des Tagalog als Amts- und Nationalsprache der Philippinen. **Filipino/-na** (ugs. *Pinoy/-nay*) ist im Tagalog, Englischen und Spanischen auch der Begriff für Philippiner/-in.

Geschichte

Am 13. November 1937 schuf die erste Nationalversammlung der Philippinen das Institut für die Nationalsprache *(Surian ng Wikang Pambansa)*, welche Tagalog zur Grundlage der neuen Nationalsprache bestimmte. Nach Auseinandersetzungen mit den Vertretern der anderen Regionalsprachen vor allem in den 1950er Jahren benannte man sie 1961 (andere Quellen sprechen von 1956) in *Pilipino* um. 1978 schließlich erhielt sie ihre heutige Bezeichnung *Filipino* und wurde zur Unterrichtssprache an allen öffentlichen Schulen bestimmt.

Schreibung

Bei der Entwicklung der auf dem Tagalog beruhenden Nationalsprache schrieb Lope K. Santos das Balarila ng Wikang Pambansa und führte das Abakada mit 20 Buchstaben ein, in denen nur je ein Buchstabe einen Bedeutung tragenden Laut dieser Sprache repräsentiert. Die 20 Buchstaben des Abakada sind *a b k d e g h i l m n ng o p r s t u w y*. Das Institut für die Nationalsprache der Philippinen weihte die neue Sprache 1973 ein. Als Sprache dazu entwickelt, die *lingua franca* der Inseln zu sein, hat sie viele Wörter der verschiedenen philippinischen Regionalsprachen übernommen, wenn sie auch die Grammatik des Tagalog zur Grundlage hat. 1976 bestand das Alphabet aus 31 Buchstaben einschließlich der 26 Buchstaben des englischen Alphabets plus der spanischen Buchstaben *ñ*, *ll*, *rr* und *ch* sowie des tagalischen *ng*. Im tatsächlichen Gebrauch werden die Digraphen allerdings als die beiden Buchstaben angesehen, aus denen sie bestehen. 1987 wurde das Alphabet wiederum überarbeitet, indem man die aus dem Spanischen kommenden *rr*, *ll* und *ch* wieder entfernte, wodurch 28 Buchstaben übrig blieben.

Siehe auch

- Tagalog
- Philippinisches Alphabet
- Philippinische Sprachen

Literatur

- *Wörterbuch Filipino-Deutsch Deutsch-Filipino* von H. P. Kelz und H. F. Samson ISBN 3-427-62014-X

Weblinks

- Literatur zum Schlagwort *Filipino* im Katalog der DNB [1] und in den Bibliotheksverbünden GBV [2] und SWB [3]
- ein kleines philippinisches Wörterbuch (Deutsch - Englisch - Filipino) [4]
- Syntax der filipinischen Sprache [5]

References

[1] http://d-nb.info/gnd/4120312-4
[2] http://gso.gbv.de/DB=2.1/CMD?ACT=SRCHA&IKT=1016&SRT=YOP&TRM=4120312-4
[3] http://swb2.bsz-bw.de/DB=2.1/CMD?ACT=SRCHA&IKT=2013&SRT=YOP&REC=2&TRM=4120312-4
[4] http://www.filipinos-in-hannover.de/index.php/aboutus/the-philippines/76-small-filipino-dictionary
[5] http://nbn-resolving.de/urn:nbn:de:bsz:14-qucosa-37909

Römisch-katholische_Kirche_auf_den_Philippinen

Die **römisch-katholische Kirche auf den Philippinen** ist Teil der weltweiten römisch-katholischen Kirche unter der geistlichen Führung des Papstes und der Kurie in Rom.

Organisation

80,9 % der Filipinos sind Katholiken.[1] Das größte Bistum, Cebu, zählt 3.939.000 Katholiken.[2] Ihm folgen das Erzbistum San Fernando mit 3.244.000[3] und das Erzbistum Manila mit 3.173.000 Katholiken.[4] Die römisch-katholische Kirche auf den Philippinen ist in 16 Erzbistümer und 62 dazugehörende Suffraganbistümer sowie sieben Apostolische Vikariate gegliedert.

Vorsitzender der philippinischen Bischofskonferenz (CBCP) ist Bischof Nereo Odchimar.

Papst Johannes Paul II. besuchte 1981 und 1995 die Philippinen.

Bistümer auf den Philippinen

- Immediat: Militärordinariat, Apostolisches Vikariat Bontoc-Lagawe, Apostolisches Vikariat Calapan, Apostolisches Vikariat Jolo, Apostolisches Vikariat Puerto Princesa, Apostolisches Vikariat San Jose in Mindoro, Apostolisches Vikariat Tabuk, Apostolisches Vikariat Taytay
- Erzbistum Caceres (Nueva Caceres): Bistum Daet, Bistum Legazpi, Bistum Masbate, Bistum Sorsogon, Bistum Virac, Bistum Libmanan
- Erzbistum Cagayan de Oro: Bistum Butuan, Bistum Malaybalay, Bistum Surigao, Bistum Tandag
- Erzbistum Capiz: Bistum Kalibo, Bistum Romblon
- Erzbistum Cebu: Bistum Dumaguete, Bistum Maasin, Bistum Tagbilaran, Bistum Talibon
- Erzbistum Cotabato: Bistum Kidapawan, Bistum Marbel

- Erzbistum Davao: Bistum Digos, Bistum Mati, Bistum Tagum
- Erzbistum Jaro: Bistum Bacolod, Bistum Kabankalan, Bistum San Carlos, Bistum San Jose de Antique
- Erzbistum Lingayen-Dagupan: Bistum Alaminos, Bistum Cabanatuan, Bistum San Fernando de La Union, Bistum San Jose, Bistum Urdaneta
- Erzbistum Lipa: Bistum Boac, Bistum Gumaca, Bistum Lucena, Territorialprälatur Infanta
- Erzbistum Manila: Bistum Antipolo, Bistum Cubao, Bistum Imus, Bistum Kalookan, Bistum Malolos, Bistum Novaliches, Bistum Parañaque, Bistum Pasig, Bistum San Pablo
- Erzbistum Nueva Segovia: Bistum Baguio, Bistum Laoag
- Erzbistum Ozamis: Bistum Dipolog, Bistum Iligan, Bistum Pagadian, Territorialprälatur Marawi
- Erzbistum Palo: Bistum Borongan, Bistum Calbayog, Bistum Catarman, Bistum Naval
- Erzbistum San Fernando: Bistum Balanga, Bistum Iba, Bistum Tarlac
- Erzbistum Tuguegarao: Bistum Bayombong, Bistum Ilagan, Territorialprälatur Batanes
- Erzbistum Zamboanga: Bistum Ipil, Territorialprälatur Isabela

Bedeutende Kirchen

- Cathedral-Basilica of the Immaculate Conception
- Basílica de San Sebastián in Manila
- Basilica of the Black Nazarene

Einzelnachweise

[1] CIA World Factbook: Philippinen (https://www.cia.gov/library/publications/the-world-factbook/geos/rp.html) (englisch) Angaben vom März 2011

[2] *Annuario Pontificio per l'anno 2009*, Città del Vaticano 2009, S. 162.

[3] *Annuario Pontificio per l'anno 2009*, Città del Vaticano 2009, S. 653.

[4] *Annuario Pontificio per l'anno 2009*, Città del Vaticano 2009, S. 448.

Weblinks

- Eintrag auf *catholic-hierarchy.org* (http://www.catholic-hierarchy.org/country/ph.html) (englisch)

Article Sources and Contributors

Bistum_Gumaca *Source*: http://de.wikipedia.org/w/index.php?title=Bistum_Gumaca *Contributors*: Fabrice Dux

Römisch-katholische_Kirche *Source*: http://de.wikipedia.org/w/index.php?title=R%C3%B6misch-katholische_Kirche *Contributors*: $traight-$hoota, 08-15, 0g1o2i3k4e5n6, 9of10, A.Ammersee, A.M., A.Savin, ADK, AHZ, Abc2005, Addicted, Adrian Suter, Agadez, Aka, AlMa77, Albinfo, Alboholic, Aleister Crowley, Alexander Orth, Alfredj, Alnilam, Altkatholik62, Anathema, Andol, AndreasStrasbourg, Andritzky, Andro96, Androl, Andrsvoss, Antrios, Anwiha, Aph, Arcy, Armin P., Arup, Asthma, Aths, Augiasstallputzer, Avoided, BKSlink, Barb, Beeluk85, Benatrevqre, Bene16, Benedikt, Bera, Bernhard Wallisch, Bhuck, Big Boss, Binter, Birger Fricke, Bjs, Björn Bornhöft, Blackybd, Blaufisch, Blenk, Bokpasa, Bremond, Brodkey65, Bru, CHG, Capaci34, Capriccio, Carol.Christiansen, CasimirC, CdaMVvWgS, Centic, Chef, ChristophDemmer, ChristophLanger, Cleante, CommonsDelinker, Complex, Conversion script, Cristof, Cryptodirum, Curtis Newton, Cyberteddy, Cyper, Cäsium137, D.Derigs, DaB., Dachris, Dai, Damian, Daniel 1992, Daniel FR, DarkScipio, DasBee, David Ludwig, Decius, Delta 51, Der Spion, Der wahre Jakob, Der.Traeumer, DerHexer, Dharion, Diba, Dietrich, Dingo, Diwas, Dodo von den Bergen, Dollarfieber, Dr. Otterbeck, Dr. Steller, DreierDominic, Dribgons, Drifty, Driveroftheblueta xi, Dschramm, Dundak, Einstückvombrot, Ekpah, Ekuah, El Conde, Elend Meister, Emes, Emil-Heinrich, Engie, Entlinkt, ErnestoZERO, Eugen Ettelt, EvaK, Exkathole, Feuerspiegel, Fg68at, Fiat jux, Fish-guts, FloSch, Forevermore, Frank Schulenburg, Franz-in-Köln (kath.), Friedrich Degenhardt, Fristu, Froggy, Fxp, GDK, GLGerman, GLGermann, Gary Dee, General Kaub, Gereon K., Gerhardvalentin, Gf1961, Giftmischer, Gilliamjf, Gleiberg, Glglgl, Graphikus, Grey Geezer, Grummthater, Guandalug, Gugganij, Gutekunst2006, Hanno Sandvik, Hans J. Castorp, Hansele, Hansgeorg60, Hardenacke, He3nry, Head, Hermannthomas, Herrick, Hgulf, Hofres, Hopsee, Horst, Horst Gräbner, Howwi, Hozro, Hubertl, Hukukçu, Hunter192, Hybridbus, Hæggis, I huck you, Iammrvip, Inkowik, Intramuros, Iokseng, Irmgard, JAF, JCIV, JWBE, Janz, Jazzman, Jbraunia, JeLuF, Jed, JenniferHailey, Jergen, Jivee Blau, Jobu0101, Johannes Gabriel, Jordi, Juengster tag, Jüppsche, Kaiser von Europa, Kaisersoft, Kalli R, Kalligraf, Kammerjaeger, Keichwa, Keks Vernichter, Kero, KingLion, Kladson, Klamser, Klapper, Korinth, Krawi, Krawin, Kritik darf sein, Krokodil, Kurt Jansson, Kurt seebauer, König Alfons der Viertelvorzwölfte, LKD, Langohr, Laubfrosch *hüpf*, Layer, Lemzwerg, Liberaler Humanist, LinDrug, Locutus1978DUS, Longoso, Luestling, Lukass90, Lukas²³, Lustiger seth, Lysis, Lällällällällä, MAK, MAY, Macmewes, Magadan, Magnummandel, Marcu, Marcus Cyron, Mark Welfer, Marsupilami, Martin-vogel, Martinwilke1980, Matt1971, Matthäus Wander, Mbleeke, Meikel1965, MichaelB., MichaelDiederich, MickiMedia, Mihály, Millfire, MlaWU, Mmg, Moguntiner, Momo, Mopskatze, Morten Haan, Mozartzuvielenoten, Mr94, My name, Nassauer27, Nazarener, Ne discere cessa!, Negerfreund, Neuroca, Neutralisator, New European, Nicolas G., Nicolas17, Nightflyer, Niklas 555, Ninety Mile Beach, Nirakka, Nockel12, Nolispanmo, O.Koslowski, Odin, OecherAlemanne, Oetzl, Optatus v. Mileve, Osna2011, Otfried Lieberknecht, Pappenheim, PaterMcFly, PatriceNeff, Patrick G. DLG, Paul Ebermann, Peter200, Pfarrer, Pflastertreter, Phi, Philipendula, Pi mal Daumen, Pismire, Pit, Pittimann, Polarlys, Primus von Quack, Psi007, Psidium, Publik-oberberg, Q'Alex, Qaswed, Quaerens07, Quintero, RJensch, Rabanus Flavus, RacoonyRE, Randolph33, Raphael Kirchner, Raubfisch, Rauenstein, Regi51, Revolus, Revvar, Robbatt, Robert Huber, Robert Weemeyer, RobertoRSi, Roland Kaufmann, Romanm, RoswithaC, Ruud64, Rybak, S.Didam, S.K., Sachse, Saint-Louis, Sansculotte, Schewek, SchwabenBoy, Schwarzwälder, Scooter, Seewolf, Sepia, Seth Cohen, Shadowlands, Sharkxtrem, Singsangsung, Sinn, Sky82, Spartanbu, Speifensender, Sprachpfleger, Spuk968, Sr. F, Stechlin, Stefan h, Steffen, Stephan Wittich, Succu, Sven-steffen arndt, Sypholux, T.a.k., Tafkas, Taklinn, Tcp, Th1979, TheJH, TheOne19, Theol, Thomasmorus, Thule, Tiontai, Tobias1983, Tonca, Treyomo, Trg, Trigonomie, Trublu, Turbonachsichter, Turris Davidica, TuxJoe, Túrelio, U.S.Zelenka, Umweltschützen, Unscheinbar, Ureinwohner, Urgelein, Usquam, Vadis, Valtental, Varulv, Vernula deus, Volker Paix, Voyager, WAH, Wantanabe, Wasabi, Weissmann, Weiße Rose, Widlotic, Wiegand, Wiegels, Wikinger08, Wirthi, Wirus, Wolf-Dieter, Wolfgang H., Wolfgang1018, Wst, Xqt, YMS, Yakobus, Yellowcard, Yiska, Yllsen, YourEyesOnly, Zaibatsu, Zaphiro, Zeppelin26, Zerebrum, Zollernalb, °, Århus, 690 anonymous edits

Diözese *Source*: http://de.wikipedia.org/w/index.php?title=Di%C3%B6zese *Contributors*: $traight-$hoota, .Lo., 103II, A.Savin, Adrian Suter, Aka, Anathema, AndreasPraefcke, Andrsvoss, Angie, Ares33, Arup, Axpde, B.gliwa, BKSlink, Baldhur, Balû, Beckstet, Ben Ben, Ben-Zin, Bender235, Benedikt, Benowar, Besednjak, Bhuck, Boobarkee, Boonekamp, Br, BurghardRichter, Buxul, Bwag, Bürger-falk, Capriccio, Carbidfischer, Centic, Cristof, Crux, Cwagener, Damian, Decius, Demophil, Der Chronist, Der Spion, DerHexer, Docmo, Druffeler, Dyrskar, EKKi, Eastfrisian, Eickhorst, Ein Werler, Elian, Elya, Emes, Encyo, Engelbaet, Euku, Firefox13, Fish-guts, FriedrickMILBarbarossa, Fristu, Funke, Fusslkopp, Geminus, GeorgGerber, GerberAurill, Gledhill, Guidod, Harro von Wuff, Hella, Hermannthomas, Hoo man, Hreid, Hubertl, Irmgard, Jobu0101, Joey, Johnny Controletti, Josef Spindelböck, JuTa, Kereul, Konrad Lackerbeck, Koppy, Krischnig, Kwerdenker, LKD, LukeSZ, MAY, Marilyn.hanson, Martin1978, Michael Gäbler, Milomayr, Mipani, Moechen, Moguntiner, Momo, Mr94, Mschimpl, Nahabedere, Nd, NonstopReplace, Oceco, Peter Marx, Peter200, Popie, Rabanus Flavus, Raven, Romanm, Rthees, Rzuwig, SDB, Saint-Louis, Satori, Schofför, Shmuel haBalshan, Sicherlich, Sidonius, Sinn, Sommerkom, Speifensender, Stechlin, Stefan Kühn, Stefan h, StefanC, Stuffi, Suisui, The weaver, Thommess, Tillmann Lübker, Tsor, Tönjes, Ulf Heinsohn, Vernula deus, Voyager, W!B:, Wahldresdner, Weber-Grillet, Weiacher Geschichte(n), Wiegels, WikiNight, Wikipeder, Willicher, Wolfgang1018, WolfgangRieger, Wst, Wydlock, X-Weinzar, Yoursmile, Zehnfinger, Zeppelin26, Zerebrum, Zinnmann, Zumbo, 180 anonymous edits

Papst *Source*: http://de.wikipedia.org/w/index.php?title=Papst *Contributors*: $traight-$hoota, 2micha, 4tilden, A.fiedler, ALE!, Abu el mot, Ads, Aero7, Agadez, Ahoerstemeier, Aka, Akl, Albtalkourtaki, Alecconnell, Alex Anlicker, AlexR, Alexandra Movtchaniouk, Alnilam, Alraunenstern, Anakin04, Anathema, AndreasE, AndreasPraefcke, Andreasbalzer, Andrsvoss, Andy king50, Antaios, Anthrazit, Antrios, Aries, Armin P., Arndtmc1, Asdfj, Asthma, Aths, Avatar, Avignon, BGr, BLueFiSH.as, Bahnmoeller, Baldhur, Balz, Bapho, Baumst, Bear, Ben Ben, Ben-Zin, Benedikt Nientied, Benowar, Benutzerkonto99, BerlinerSchule, Birnkammer fabian, Bodenseemann, Boonekamp, BrThomas, Brian johnson, Buckie, Buecherfresser, Bukk, Bunia, Bwag, Cfaerber, ChKa, Chef, Christianus, Christoph Wagener, ChristophDemmer, ChristophLanger, Codc, Cologinux, CooperatorveritatisO788, Cristof, Crux, Cum Deo, Cyper, D, D0n3, DaB., Dachris, Dagobert Drache, DanChem, Dandelo, Danielkorn, Dapete, Darev, Darkking3, DasBee, Deelkar, Denny, Der Ersteller, Der Marco, Der Messer, Der Naturfreund, Der Spion, Derneger, Dietrich, Diogenes von Wien, Diplomtrucker, Divinegrace, Docmo, Dr. Angelika Rosenberger, Dr. Manuel, Dr. Otterbeck, Dreaven3, Drucker03, Duesi, Dundak, Eagle22, Eborutta, Ekkehart baals, Ekuah, ElRaki, Elian, Elitestudent, Emdee, Emil-Heinrich, Emkaer, Ennimate, Enzian44, Epbechthold, Eruedin, Erusx, Eugen Ettelt, Euku, FA2010, Filzstift, Florian Adler, FlorianSerif, Focus mankind, Formalkram, FotoFux, Frantisek, FredericII, Freshfritz, Fritz-Henry, FutureCrash, GDK, GLGerman, Gagaga, GeorgGerber, Gereon K., Germannoiseunion, Gilliamjf, Gleiberg, Gooroo175, Grani, Gruni07, Gugganij, Guidod, HAL Neuntausend, HadrianVI., HaeB, Hafenbar, Halinard, Hansele, Haring, Harmonica, He3nry, Head, Heinte, Helmut Zenz, Hendrik J., Hfudfdb, Hildegund, Holger I., HolgerB, Horst Gräbner, Hot Fuzz, Howwi, Humpback, Hunding, Hunter192, ICE21, IG-100, Idler, Ilja Lorek, Inkowik, Inschanör, Irmgard, Island, Iste Praetor, Itti, J budissin, J.A.A.S., JAF, JAn Dudík, JSTC, Jan Hus, Janneman, Jcr, Jed, Jergen, Johnny T, Jordi, JuTa, Juergeen, JuergenL, Juesch, Jurist2, Jón, JüKü, JürgenLex, Kam Solusar, Karl-Henner, Kauko, Kladson, Kontemarlos, Kpjas, Kurmis, Königin der Nacht, Kürschner, Laza, Lebnitz, Lehmkuehler, Leichtbau, Leipnizkeks, Linveggie, LittleJoe, Lley, Lofor, Louis le Grand, Lukas²³, MAK, MAY, MH, MacPac, MaestroNando, Magipulus, Magnus, Magnus Nufer, Mai-Sachme, Marcus Cyron, Markus Schweiß, Marlight, Martin-vogel, Martinfriese, Matt1971, Matysik, Mawa, Mbimmler, Mbleeke, McLar, Media lib, Melancholie, Michail, Millbart, MlaWU, Moguntiner, Mopskatze, Morten Haan, Musalmik, Musholt, Nachtgestalt, NebMaatRe, Nephelin, Nerd, Neroclaudius, Nfl, Nightflyer, Nitramtrebla, Nocturne, Nodh, Ocrho, Onoxegy, OpenHaus, Ot, Owltom, Ozelotenor, PD70, Pallando, Papaboy, Paul Ebermann, Perrak, Phi, Philipendula, Philipp1984, Pifri, Pischdi, Pit, Pitichinaccio, Pittimann, Pixelfire, Plasmagunman, Pockensuppe, Poppei, Port(u*o)s, PrinceGonzo, PriskaAlice, Publik-oberberg, Q, Q'Alex, Quirin, Qwqchris, Rabanus Flavus, Raffix, Randbewohner, Raven, Raymond, Regi51, Reibeisen, Reinhard Kraasch, Richard Lenzen, Riptor, Robb, Robert Huber, RobertLechner, Roger.pf, Romanm, Romeo-kilo, RonMeier, Roughneck, Roy Batty, Rudolph der Große, SDB, SML, Sarang, Schaengel89, Scherben, Schewek, Schily, Sciurus, Sebesta, Seewolf, Seidl, Senax, Sepia, Septembermorgen, Servus100, Sicherlich, Siebrand, Siebzehnwolkenfrei, SilP, Sir James, Smurf, Southpark, Sparte, Spectrums, Spreisel, Sputnik, StH, Stamer, Steevie, Stefan Kühn, Stefan h, Stefan64, Steffen Löwe Gera, Steffen85, StephanKetz, Steschke, SteveK, Str1977, Streifengrasmaus, Sunbird, Sunneschinli, T.a.k., Tafkas, Tarantelle, Tengai, Tfjt, Th1979, The star, TheFlixx, Thomas Dancker, Thomas G. Graf, Thommess, Thorbjoern, Thornard, Ticketautomat, Tilla, Tilman Berger, Tobnu, Toni Sotte, Trainspotter, Trencavel, Triebtäter, Trinsath, Turris Davidica, USt, Ulrich.fuchs, Unscheinbar, Usquam, Vickypedia, W like wiki, Wahldresdner, Wheeke, Wiegels, Wikiped, Windharp, WissensDürster, Wodie13, Wofl, Wolfgang1018, Wst, Xeroxx, Xqt, Xzaranos, Yugolady88, Zaxxon, Zenit, Zeppelin26, Zimtstern 2k, Zinnmann, Zipferlak, Zoris Trömm, 478 anonymous edits

Philippinen *Source*: http://de.wikipedia.org/w/index.php?title=Philippinen *Contributors*: 24karamea, A.Savin, AHZ, ALE!, Abfall-Reiniger, Addicted, Agadez, Aglarech, Aineias, Aka, Aleksander Dera, Alexander Z., AlexdG, Andibrunt, André Schneider, Antemister, Aprilsunshi, Armin P., Arnis birada, Assarhaddon, Assarhaddonkorrektur, Attention, Avoided, AxeEffect, B-e-n, BKSlink, BS Thurner Hof, Baird's Tapir, Balbor Than, Batrox, Bear, Beelzebubs Grandson, Bejo, Ben-Zin, Bene16, Benedikt, Bernard Ladenthin, Bernhard Wallisch, Bertramz, Biboergosum, Bigb0x, Binter, Björn Bornhöft, Blaufisch, Bojo, Bomzibar, Bountin, Braveheart, BuschBohne, Buxul, BybbyCreme, Bärski, Cactus26, Capaci34, Carol.Christiansen, Casra, Cat, CdaMVvWgS, Cepheiden, Chaddy, Chauahuasachca, Chesk, Chrisfrenzel, Chrispgu, Christian2003, ChristianGlaeser, ChristophThomann, Chrugel, Church of emacs, Cleverboy, Cmoder, Cologinux, Colomen, CommonsDelinker, Complex, Contessa, Corrigo, Creando, Curtis Newton, Cú Faoil, D, D-M, D0ktorz, Dalisay, DaniCracks, Daniel789, Darklordjr8, Darkone, Datu Dong, David Ludwig, David Wintzer, Deisterläufer, Delau, Dellex, Der Patrizier, Der.Traeumer, DerHexer, Diba, Dirkb, Diwas, Don Magnifico, Dr Halogen, Dr. Angelika Rosenberger, Dr. Manuel, DraGoth, Drahreg01, Dreckige-lache, Drehdichnichtumder, Dufo, Edoe, Elian, Elwe, Engie, Entlinkt, Ephraim33, EricPoehlsen, ErikDunsing, Ersatzersatz, Etagenklo, Eynre, FAN2LOR, Farah Eliane, Felistoria, Felix Stember, Firefox13, Fkorrektur, Flameofthebeast, Flo 1, Florian Adler, Florian.Keßler, Fossa, Frankee 67, Franz Richter, FranzR, FredericII, FritzG, Fruchtiger123, Fu-Lank, Furfur, Fusslkopp, GFJ, GNosis, Generator, Gerbil, Gerhard51, Giftmischer, Giging, Gilliamjf, Gorgo, Grand-Duc, Greatfreak, Grey Geezer, Gugerell, Gymi-1992, Gymi92, H-stt, HaSee, Hagen Graebner, Hagman, Hahnenkleer, Haimrevivo1, Hans J. Castorp, Hareinhardt, Harro von Wuff, Hase777, He3nry, Head, Henning.Schröder, Herzi Pinki, Hk kng, Holofernes, Hoo man, Hornung-MS, Howwi, Hph, Hubertl, Hydro, Hæggis, IGEL, IgorPodolskiy, Ilion, Informatik, Inkowik, Intramuros, Invisigoth67, Inza, Islaw, Itti, Ivolution, Ixitixel, J. Donne, J. Patrick Fischer, J. Schwerdtfeger, JCIV, JD, JaScho, Jackalope, Jago797, Jens05061990, Jergen, Jesauer, Jfwagener, Jivee Blau, Jobu0101, Joe Quimby, Johnny T, JuTa, Julius1990, KAMiKAZOW, Kaisersoft, Kajk, Kam Solusar, Karibuni, Karl-Henner, KellerkindCCC, Kickof, Kilon22, Kirkurdu, Kito, Koerpertraining, Kolossos, Krawi, Kryston, Kunani, Kübler, LKD, Lars Beck, Leit, Lencer, Leuche, Leuni, LichtStrahlen, Liliana-60, Liuthalas, Livermorium, Lofor, Logograph, Ludger1961, Lung, Lycopithecus, MAK, MFM, Magalhães, Magnummandel, Mainpage, Man77, Marc Tobias Wenzel, Marcus.palapar, MarkusKimmerle, Markusvoss, Martin Bahmann, Martin-vogel, Martinwilke1980, Marzahn, Matthiasb, Matysik, McFred, Media lib, Meisterkoch, Mervynbunique, Micha S, Michael Meinel, Michael Sedance, Michael82, MichiK, Mifo, Mihály, Mike Krüger, Mike Wieland, Minalcar, Mistmano, Mkill, Mkleine, Mnh, Morgenröte, Moritz37, Ms Anna Nass, Muck31, Muehlenmeier, My name, NEXT903125, Nameless23, NebMaatRe, Nepenthes, Ni:::er, Nightflyer, Niki.L, Nikswieweg, Norro, Numbo3, OecherAlemanne, Olaf Studt, Ot, Otto Normalverbraucher, Ottomanisch, Oxymoron83, P. Birken, P. S. F. Freitas, PDD, Paramecium, PeeCee, Pendulin, Peter200, PeterSzallies, Peterlustig, Pf, Pfalzfrank, Philipendula, Philipp Gruber, PhilippinenExperte, Philippinenforum, Phlo, PietJay, Pilip, Pilip2, Pit, Pitichinaccio, Pittimann, Pizzero, Plerzelwupp, Poarps, Polarlys, ProloSozz, Proofreader, PsY.cHo, Puppensocke, Quasi, Quimbo75, Ra'ike, Rabanus Flavus, Rabru, RacoonyRE, Rainer Bielefeld, Rainer Lippert, Ralf-Thomas Lindner, Raubsaurier, Rax, Raymond, Re probst, Red angel1981,

Redbullet805, Regi51, ReiseAxelito, Rhoody, Ri st, Robster69, Rockwurm, Rohieb, RokerHRO, Roland Schmid, Rolf H., Romanm, RonMeier, Roterraecher, Rr2000, Rubblesby, Rumpler, Rush Austria, Römert, SEM, STBR, Santiago23, Saperaud, Sarcelles, ScD, Scandi, Schaengel89, Schatten.1, Schmechi, Schnargel, Schnurzipurz, Scooter, Scubaholly, Seewolf, Seitenverbesserer, Septembermorgen, Shikeishu, Shshsh, Shushushu, Si! SWamP, Sicherlich, Sinn, Sjharten, SkotFederal, Skurt, Slartibartfass, Solid State, Southpark, Sprachpfleger, Spuk968, StG1990, Steak, Stefan Bethke, Stefan Kühn, Stefanbw, Steffi fcbayern, Steigi1900, Stephan Hense, Stern, Stoeffelz, Succu, Sukarnobhumibol, Superbass, Sven-steffen arndt, TUBS, TVbasti, Taliopo, Taratonga, Tatadubled, Taube Nuss, Teewurzellöwe, Teiresia, Teqsun81, The real Marcoman, TheGoldenRule, TheK, TheRealPlextor, TheWolf, Thire, Thorbjoern, ThorstenS, Tilman Berger, Tk, Tmv23, Tobias1983, Togo, Triton, Trixium, Tsor, Tsui, Turbonachsichter, Tzwenn, Tzzzpfff, Tönjes, UltraRainbows, Umweltschützen, Unscheinbar, Unukorno, User 50, Ute Erb, Uwe Gille, VampLanginus, Vamue, VanGore, Varina, Venezianer, Vette67, Vigala Veia, Vorrauslöscher, Vux, W.wolny, WAH, WaldiR, Wassermensch, Wazi4, Wbethge, Westiandi, Wicket, Wiegels, Wiki Gh!, Wikieditoroftoday, Wikifreund, Wing, Wingman, Wnme, Wolfgang glock, Wolfgang1018, Woodywoodpegger, World24, Wosch21149, Wst, Wysiwyg, XenonX3, Xocolatl, Xqt, Y, Yannick.95, YourEyesOnly, Zahnfreund, Zaphiro, Zenit, Zeno Gantner, Zollernalb, Zollwurf, °, ³²P, , 1172 anonymous edits

Johannes_Paul_II. *Source*: http://de.wikipedia.org/w/index.php?title=Johannes_Paul_II. *Contributors*: $traight-$hoota, 0g1o2i3k4e5n6, 19peter94, 217, 24karamea, 6BL-A504, =, AF666, ALE!, Abc2005, Abe Lincoln, Abuna37, Abundant, Acf, Achim Raschka, Adolphus Hiedlerus, Adrian Bunk, Adrian Suter, Agathenon, Aglarech, Aka, Alan ffm, Alexander Grüner, Alien, Aljoscha, Allen McC., Allgaiar, Aloiswuest, Altermiller, Analogia, Anathema, Andibrunt, AndreasWolf, Andrsvoss, Anima, Antiachtundsechziger, Antissimo, Aph, Ar-ras, Arachne, Arbesthal, Armin P., ArtMechanic, Aspiriniks, Ateo75, Austrianbird, Avatar, BLueFiSH.as, Baird's Tapir, Bapho, Baumanns, Beastie Boy, Beek100, Ben Gehring, Ben gb, Bender235, Bene16, Benedikt, Berthold Werner, BesondereUmstaende, Beyer, Bhuck, Bib, Bimberbube, Birger Fricke, Blackburn, Boobarkee, Borbi, Boris23, Bremond, Bricktop1, Brill58, Bühler, Bürger-falk, CDS, Cabral, Calinosa, Candyfloss, Carbidfischer, Cartinal, Centic, Channy8, Chef, CherryX, Chops, ChrisM, Chrischan, Chrisfrenzel, ChristophDemmer, Chun-hian, Ciciban, Cjlpa, Claudia1220, Claus Michelfelder, Coke89, Coldfusion, Collector1805, Colorona, CommonsDelinker, Complex, Conny, Conversion script, Corrigo, Cottbus, Crux, Cwagener, Cwolfdietrich, Cyrus Grisham, César, D, DEr devil, DaBroMfld, Dachris, Dandelo, DanielDüsentrieb, Dansker, Darev, Darkking3, Darkone, Das Volk, Dbenzhuser, Dburucu, Delano, Der wahre Jakob, DerGraueWolf, DerHerrMigo, DestroyerHero, DieBuche, Dieter Zoubek, Diplomtrucker, Dmicha, Docmo, DolphinBGG, Don Magnifico, Dorran, Dr Lol, Dr. Manuel, Dr. Meierhofer, Dr. Otterbeck, Duci, Dundak, EBB, Eaaumi, Eazy262, Echo Echo Echo, Ecki, Eisenhans7, Ekpah, Elvaube, Elwood j blues, Elya, Emil Bild, Entlinkt, Ephraim33, Erasmus2, Ercas, Erfurter63, ErikDunsing, Eruedin, Eschenmoser, Euku, EvDa13, EvaK, Eynbein, Ezrimerchant, FabianL, Fabrice Dux, Factumquintus, Felix König, Fender52, Fetter Ekelbert, Ffischer, FideKoeln, Fiedernotar, Fiege, Filzpantoffel, Filzstift, Firefox13, Fish-guts, FlapWings, FloSch, Flominator, Florian Adler, Florian.keller, Fon, FotoFux, Frank Reinhart, Frantisek, FredericII, Freedom2007, Friedemann Lindenthal, Fristu, Fritz-Henry, Fröhlicher Türke, Fuzzy, GDK, Gagaga, Galtzaile, Gecek, Georg Messner, Gerry1982, Geschichtsfan, Gh, Goiken, Grabenstedt, Grani, Grawp, Grey Geezer, Griensteidl, Grzesiekpl, Guety, Gugganij, Gödeke, H-JRitter, HSchynder, HaeB, Hafenbar, Hagbard, Hamster3, Hans Platte, Hansele, Hardenacke, He3nry, Head, Heinte, Helmut Zenz, Henriette Fiebig, Hesse23, High Contrast, Hildegund, Hinterwäldler18, Holger I., Hotblogger, Howwi, Hurlbrink, Hydro, ICE21, Ianusius, Icedieler, Idler, Ilja Lorek, Immanuel Giel, Inka, Invisigoth67, Irmgard, Itu, J budissin, J. 'mach' wust, JACP, JARU, JCS, JSTC, Jackson, Jaellee, Jakobdoerr, JanineR, Jcornelius, Jcr, Jed, JensLang, Jerry W, Joachim Mos, Joerg reitmaier, Johann Jaritz, Johannes Paul der 2., Johannes0789, Johnny Controletti, Johnny T, Jonaslange, Jonathan Groß, Jordi, Josef Spindelböck, Jossi, Joystick, Junafani, Jvano, Jüppsche, KAMiKAZOW, KGF, Karl-Henner, Kauk0r, Keichwa, Kh80, Kikadue, Kimya, King Edi, Kirchenkritiker, Klever, KnightMove, Koelle2010, Kolja21, Kommissario, Kommitanz, Kotasik, Kpjas, Krd, Krk, Krächz, Kunhardt, Käppe, LIU, LaWa, Langec, Leipnizkeks, Leon22, Lirum Larum, LittleJoe, LittleNemo, Liutprand, Lley, Louie, LukeSZ, Luki09, Lukz, Lyingprior, M Huhn, M.ottenbruch, MAK, MAY, MEWRS, MFM, MH, Maclemo, MaestroNando, Magdallena, Maha, Man77, Manda, Manfred Roth, Marco Krohn, Marcu, Marcus Cyron, Mareikus, Mariaviten, MarioCRO, Mark Wolf, Markus Schweiß, Markus.oehler, MarkusHagenlocher, Martin Bahmann, Martin Kreeb, Martin Rasmussen, Martin-vogel, Martin1978, Martinwilke1980, Masturbius, Mathiasrex, Matsch-Klon, Matt1971, Matze6587, MaxHirschberger, Maxl, Media lib, Medienmann, Mef.ellingen, Melchior2006, Melkom, Menschmann, Mglanznig, Michael Fichmann, Michael.chlistalla, Michail, Miguel Chong, Mijobe, MlaWU, Mmg, Mnh, Moguntiner, Momo, Monsterxxl, Mornauer, Mps, Muck, Muellerschweikart, Murmeli2011, Musik-chris, Musikwissenschaftler, Mutz, Mvb, Mwka, Müsli, Naddy, Nb, Ne discere cessa!, Nepomucki, Nerd, Neuer Benutzer 521, Neuroca, Nevid, Neville, Nicht-Bayer, Nih, Nina, Ninninana, Nintendere, Nitramtrebla, Nixred, Nize, Nobbi81, Nocturne, Norbirt, Nordstern, Nst0101, NukeOperator, Nuuk, OecherAlemanne, Okmijnuhb, Olaf2, Onno Garms, Ot, Otberg, Oudeís, Ouve65, Owltom, Ozelotenor, PD70, Papiermond, Parakletes, Parhamer, Partynia, PatrickD, Paul Ebermann, PaulBommel, Pelz, Pentachlorphenol, Peter200, Peterlustig, Petwin89, Pfeifendampf, Pfieffer Latsch, Philipendula, Philipp Claßen, Phlibbo, Phrood, PiRSquared17, Picaflor74, Pippo-b, Pischdi, Pittimann, Pixelfire, Plasmagunman, Platoon, Plk, PolskiNiemiec, Popie, Prolineserver, Proper Education, Publik-oberberg, Pygmalion, Qualitätsenzyklopist, Quelokee, Radlfahrer, Ralf Gartner, Ralf Roletschek, Ralf5000, Randolph33, Rat, Rax, Raymond, Rdb, Rdennis, Redf0x, Regi51, Rieke Rittenmeyer, Rmjgg, Robert Huber, Rogillander, Romanm, RonaldoDerErste, Rosenzweig, Roughneck, Rr2000, Rybak, Rübenmensch, Rüdiger Sander, SDB, STBR, Saehrimnir, Sallynase, Salzburger, Sanko, Saum, Scaevola, Schaengel89, Scherben, Schlapfm, Schnargel, Schubbay, Schweikhardt, Schwindp, Scooter, Seb80, SebastianWilken, Sebbe xy, Secular mind, Seewolf, Seidl, Seviwurst, Shannon, Shmuel haBalshan, Sibode1, Sicherlich, SilentGuy, Sir, Sisal13, Slawekczaja, Slomox, SoPäd im Dienst, Sol, Southpark, Speaker, SpecialEd, Splattne, Sprachfreund49, Spuk968, Spurzem, Srbauer, St.Krekeler, StH, StYxXx, Starglance, Steavor, Stechlin, Steelmaschine, Stefan Kühn, Stefan L., Stefan64, Steffen, Steffen Löwe Gera, Stern, Straaten, Strikerman, Supaari, Susu the Puschel, T.Ho, Tango8, Tarantelle, Tarboler, Taube Nuss, Taxiarchos228, Terra1, Terranic, Textkorrektur, Th1979, Thalion77, TheK, TheTJ, Thomas G. Graf, Thommess, Thophael, Thorbjoern, Thornard, Tibar, Til Lydis, Tilla, Tilman Berger, ToKo, Toadfan, Tobias1983, Tobnu, Toebbens, Toffel, TomG, TomekHH, Torinberl, Trainspotter, Triebtäter, Trixium, Tröte, Tsui, Tubbiekiller, Turris Davidica, Tuxman, TweetyJ, Tyrael, Túrelio, Uli 88, Ulli Purwin, Ulrich.fuchs, Umweltschützen, Unscheinbar, Unsterblicher, Urbanus, Ureinwohner, Usquam, Uwe Gille, Uwe W., Vickypedia, Viplux, Visitator, Voyager, Vsop, WEBMASTER, Walter Koch, Webkid, Wendelin, Widewitt, Wiegels, Wikiesk, Wikifreund, Wikinger08, Willicher, Wo st 01, Wolfgang Kopp, WolfgangDrechsel, Wuhazet, Xarax, Yq03s2i, Zacke, Zahnstein, Zapane, Zaphiro, Zehnfinger, Zekrollah, Zellreder, Zemm, Zeno Gantner, Zenon, Zipferlak, Zottmann, Zwoenitzer, bln2-t5-1.mcbone.net, ¡0-8-15!, Špajdelj, 787 anonymous edits

Bistum_Lucena *Source*: http://de.wikipedia.org/w/index.php?title=Bistum_Lucena *Contributors*: Fabrice Dux, Flameofthebeast

Apostolische_Konstitution *Source*: http://de.wikipedia.org/w/index.php?title=Apostolische_Konstitution *Contributors*: Ariso, Atamari, Besednjak, Complex, Enzian44, Grani, Helmut Zenz, HenHei, Hubertl, Irmgard, Jägerlatein, Massimo Macconi, Mediendienste (SMB), Membeth, Stechlin, Ulm6166, Weissmann, Zenit, 4 anonymous edits

Erzbistum_Lipa *Source*: http://de.wikipedia.org/w/index.php?title=Erzbistum_Lipa *Contributors*: Dr Lol, Flameofthebeast, MAY, Århus

Suffragandiözese *Source*: http://de.wikipedia.org/w/index.php?title=Suffragandi%C3%B6zese *Contributors*: $traight-$hoota, Aka, Alex1011, Andrsvoss, Ath, Ben4Wiki, BosonD, Cristof, Drahtloser, Fasch, Frank Reinhart, Frankipank, Frommbold, Gledhill, Helmut Zenz, Hofres, Jochanan Haatzlan, Josef Spindelböck, Kereul, MAY, Master baerr, Nick Wagner, Raven, Red Baron 2, S.K., Sansculotte, Shmuel haBalshan, Slartidan, Speifensender, Stechlin, Th1979, ThoR, UKGB, Wheeke, Widipedia, Wst, Zaungast, , 25 anonymous edits

Koadjutor *Source*: http://de.wikipedia.org/w/index.php?title=Koadjutor *Contributors*: $traight-$hoota, Altkatholik62, Andrsvoss, AurinKo, Balû, Bhuck, Bokpasa, Bremond, Christianus, ChristophDemmer, Cicero PW, Crazy1880, Der Spion, DerHHO, Eingangskontrolle, FredericII, Ftak, Guaras10, HaSee, Hannes Röst, Helmut Zenz, Karl Gruber, KevinKwxwx, Kreissaege, Machahn, Media lib, Momo, Moppi2207, Moros, Mundartpoet, Onkelkoeln, Raven, SDB, Sansculotte, Treyomo, WilhelmRosendahl, Zaungast, Zenit, Zeppelin26, 9 anonymous edits

Quezon *Source*: http://de.wikipedia.org/w/index.php?title=Quezon *Contributors*: Abfall-Reiniger, Aka, Assarhaddon, Assarhaddonkorrektur, AxeEffect, Bomzibar, Farino, Flameofthebeast, Guffi, Hareinhardt, Joe Quimby, Leppus, LichtStrahlen, Lofor, Martinwilke1980, Matthiasb, Niteshift, Quezon95, RobertLechner, Roterraecher, ScD, Septembermorgen, Sukarnobhumibol, Taube Nuss, User0101010101, Wolfgang1018, Århus, 6 anonymous edits

Pfarrei *Source*: http://de.wikipedia.org/w/index.php?title=Pfarrei *Contributors*: 103II, A.Fiebig, Aka, CdaMVvWgS, Credobox, Cépey, Decius, Helmut Zenz, Herbert Lehner, Inisheer, Lou.gruber, Medler, Moguntiner, Mr94, Nico T, Rainbowfish, Raphael Kirchner, Robert Huber, SDB, Schwarzwälder, Secular mind, Sicherlich, Sinuhe20, Speedy DeLete, Sprachpfleger, Stechlin, Th1979, Torsten Schleese, Urbanus, W!B:, Wolfgang1018, Xenos, YourEyesOnly, Yoursmile, Zaphiro, 14 anonymous edits

Generalvikar *Source*: http://de.wikipedia.org/w/index.php?title=Generalvikar *Contributors*: $traight-$hoota, Aka, Anathema, Balû, Br, Decius, Dingo, Docmo, Fb78, FredericII, Geof, Gugganij, Hardenacke, Helmut Zenz, Irmgard, Jergen, MAY, Magnus Manske, Njrwally, Parrho, Peng, Rabanus Flavus, Rasko, Robert Weemeyer, SDB, Siehe-auch-Löscher, Skorupka, Stefan Kühn, Symposiarch, Tilman2007, W!B:, Wilkinus, Wst, 35 anonymous edits

Diözesanpriester *Source*: http://de.wikipedia.org/w/index.php?title=Di%C3%B6zesanpriester *Contributors*: $traight-$hoota, Altkatholik62, BSonne, FordPrefect42, HaSee, Helmut Zenz, KGF, MAY, Mark Wolf, Melchior2006, Michaël, Mirer, Rax, SDB, Succu, Textmaster, Tiem Borussia 73, Tsor, Turris Davidica, Zeno Gantner, Århus, 6 anonymous edits

Ordensschwester *Source*: http://de.wikipedia.org/w/index.php?title=Ordensschwester *Contributors*: APPER, Adrechsel, Anathema, Andypedia, Axtmörder, Ben-Zin, Dixflips, Engie, Frankenschüler, Fullhouse, Gary Dee, GeorgGerber, Gnu1742, Head, Helmut Zenz, Jordi, Knopfkind, Nolispanmo, PeeWee, Raymond, SDB, Satyrios, Scheloske, Siehe-auch-Löscher, Sr. F, SteveK, Suit, Turris Davidica, Wikinger86, Wikipeder, Wst, Zaunkönigin, 31 anonymous edits

Römischer_Ritus *Source*: http://de.wikipedia.org/w/index.php?title=R%C3%B6mischer_Ritus *Contributors*: 08-15, Ahoerstemeier, Aka, Altkatholik62, Ana al'ain, Beastie Boy, Brakmann, ChKa, DLichti, Darev, Der wahre Jakob, Dietrich, Doudo, Dr. Otterbeck, Dundak, Durandus, EZB, Emes, Etc. gamma, Eugen Ettelt, Eynre, FordPrefect42, Geprüft, Gleiberg, Gugganij, HaSee, Helmut Zenz, Irmgard, Jokesolid, Jordi, Jüppsche, Klamser, Langec, MAY, Massimo Macconi, Moguntiner, Osservatore liturgico, Otto Knell, Piflaser, Pjacobi, Prof.Dr. Michael Berg, Quaerens07, Ralf Gartner, SaintOuen, Sol, Sstrobl, Stefan Birkner, Steffen, Stijn Calle, Sukarnobhumibol, Taschenrechner, Tcp, Th1979, Tolentino, Turris Davidica, Voyager, 49 anonymous edits

Sakralsprache *Source*: http://de.wikipedia.org/w/index.php?title=Sakralsprache *Contributors*: Al-qamar, Amurtiger, Andrsvoss, Bender235, Brakmann, CarstenK, Chrisfrenzel, Crissov, DF5GO, Diddimus, Dr. Karl-Heinz Best, Enyavar, Feetjen, Fire, Geitost, Gugganij, Guidod, HaSee, Halsbandsittich, Kanibi, Knopfkind, König Alfons der Viertelvorzwölfte, Lirum Larum, Lutheraner, Magadan, Matt1971, Merlissimo, Mmg, Ninety Mile Beach, Pail, Pessottino, Revolus, Roald, Sanaridas, SteinundBaum, Turris Davidica, Wilske, Wst, Zeno Gantner, 35 anonymous edits

Filipino *Source*: http://de.wikipedia.org/w/index.php?title=Filipino *Contributors*: 1001, Alligation, AndreasPraefcke, Arnis birada, AxeEffect, Colomen, Der kleine grüne Schornstein, Dobby1397, Dreckige-lache, Flominator, Frankee 67, Franz Jäger Berlin, J budissin, Ludger1961, Martin-vogel, Martinwilke1980, Mbdortmund, Mkleine, Morten Haan, Mue, Numbo3, O.Koslowski, Olaf Studt, Porsche Diesel, Raymond, ScD, Slt, Thomas Tunsch, ThorstenS, Ulamm, Umherirrender, Urgelein, User0101010101, Zinnmann, 27 anonymous edits

Römisch-katholische_Kirche_auf_den_Philippinen *Source*: http://de.wikipedia.org/w/index.php?title=R%C3%B6misch-katholische_Kirche_auf_den_Philippinen *Contributors*: Aka, Atamari, Fabrice Dux, Flameofthebeast, Rabanus Flavus

Image Sources, Licenses and Contributors

Datei:Gumaca Cathedral exterior.jpg *Source*: http://de.wikipedia.org/w/index.php?title=Datei:Gumaca_Cathedral_exterior.jpg *License*: unknown *Contributors*: ~MVI~

Datei:BentoXVI-30-10052007.jpg *Source*: http://de.wikipedia.org/w/index.php?title=Datei:BentoXVI-30-10052007.jpg *License*: unknown *Contributors*: Fabio Pozzebom/ABr

Datei:St. Peter's Basilica Facade, Rome, June 2004.jpg *Source*: http://de.wikipedia.org/w/index.php?title=Datei:St._Peter's_Basilica_Facade,_Rome,_June_2004.jpg *License*: unknown *Contributors*: DenghiùComm, Gugganij, Kurpfalzbilder.de, Ranveig, Rosarinagazo, Tano4595, TomAlt, Warburg, 2 anonymous edits

Datei:Pope-peter pprubens.jpg *Source*: http://de.wikipedia.org/w/index.php?title=Datei:Pope-peter_pprubens.jpg *License*: unknown *Contributors*: Alexcoldcasefan, Alno, Bukk, Carolus, Evrik, Innotata, Jacklee, JuTa, Kairios, Kgyt, Kilom691, Mattes, Shakko, Vincent Steenberg, Xenophon, 1 anonymous edits

Datei:Bouguereau The Virgin With Angels.jpg *Source*: http://de.wikipedia.org/w/index.php?title=Datei:Bouguereau_The_Virgin_With_Angels.jpg *License*: unknown *Contributors*: AndreasPraefcke, Boo-Boo Baroo, Hsarrazin, Man vyi, Mattes, Neitram, OldakQuill, Olivier2, Phrood, Ray9, Shakko, TFCforever, Wmpearl

Datei:Catholic population.svg *Source*: http://de.wikipedia.org/w/index.php?title=Datei:Catholic_population.svg *License*: unknown *Contributors*: User:Fibonacci

Datei:Julian Barrio Barrio.jpg *Source*: http://de.wikipedia.org/w/index.php?title=Datei:Julian_Barrio_Barrio.jpg *License*: unknown *Contributors*: Dierk Andresen, The weaver

Datei:Deutschland Kirchenprovinzen kath.png *Source*: http://de.wikipedia.org/w/index.php?title=Datei:Deutschland_Kirchenprovinzen_kath.png *License*: unknown *Contributors*: Autor:

Datei:Oesterreich_kirchenprovinzen.png *Source*: http://de.wikipedia.org/w/index.php?title=Datei:Oesterreich_kirchenprovinzen.png *License*: unknown *Contributors*: Hreid, W!B:

Datei:Bistuemer CH 2006.png *Source*: http://de.wikipedia.org/w/index.php?title=Datei:Bistuemer_CH_2006.png *License*: unknown *Contributors*: User:Sidonius

Datei:BelgischeBisdommen.png *Source*: http://de.wikipedia.org/w/index.php?title=Datei:BelgischeBisdommen.png *License*: unknown *Contributors*: User:Jvhoppli

Datei:Dürer-Petrus.jpg *Source*: http://de.wikipedia.org/w/index.php?title=Datei:Dürer-Petrus.jpg *License*: unknown *Contributors*: AndreasPraefcke, Cirt, Dodo78, Mattes, Sailko, Solbris, TommyBee, Warburg, WereSpielChequers

Datei:Hubert van Eyck 006.jpg *Source*: http://de.wikipedia.org/w/index.php?title=Datei:Hubert_van_Eyck_006.jpg *License*: unknown *Contributors*: Auntof6, Jean-Frédéric, Stomme, Vincent Steenberg, 1 anonymous edits

Datei:San Giovanni Laterano Rom.jpg *Source*: http://de.wikipedia.org/w/index.php?title=Datei:San_Giovanni_Laterano_Rom.jpg *License*: unknown *Contributors*: Stefan Bauer, http://www.ferras.at

Datei:Tiara.png *Source*: http://de.wikipedia.org/w/index.php?title=Datei:Tiara.png *License*: unknown *Contributors*: Dodo, G.dallorto, Juiced lemon, Mattes, Ranveig, Schimmelreiter, 1 anonymous edits

Datei:Flag of the Philippines.svg *Source*: http://de.wikipedia.org/w/index.php?title=Datei:Flag_of_the_Philippines.svg *License*: unknown *Contributors*: User:Achim1999

Datei:Coat of Arms of the Philippines.svg *Source*: http://de.wikipedia.org/w/index.php?title=Datei:Coat_of_Arms_of_the_Philippines.svg *License*: unknown *Contributors*: User:Zscout370

Bild:Philippines on the globe (Southeast Asia centered).svg *Source*: http://de.wikipedia.org/w/index.php?title=Datei:Philippines_on_the_globe_(Southeast_Asia_centered).svg *License*: unknown *Contributors*: TUBS

Datei:Lahar Mount Pinatubo.JPG *Source*: http://de.wikipedia.org/w/index.php?title=Datei:Lahar_Mount_Pinatubo.JPG *License*: unknown *Contributors*: Neureiter

Datei:Philippines-Pfahlbauten.jpg *Source*: http://de.wikipedia.org/w/index.php?title=Datei:Philippines-Pfahlbauten.jpg *License*: unknown *Contributors*: Kajk, P199, Saga City

Datei:Klima manila.png *Source*: http://de.wikipedia.org/w/index.php?title=Datei:Klima_manila.png *License*: unknown *Contributors*: Benutzer:Hph

Datei:Klima davao.png *Source*: http://de.wikipedia.org/w/index.php?title=Datei:Klima_davao.png *License*: unknown *Contributors*: Benutzer:Hph

Datei:Philippine climate map.png *Source*: http://de.wikipedia.org/w/index.php?title=Datei:Philippine_climate_map.png *License*: unknown *Contributors*: Ciaurlec, Magalhães, Nagy, W!B:, 1 anonymous edits

Datei:Tarsius syrichta.jpg *Source*: http://de.wikipedia.org/w/index.php?title=Datei:Tarsius_syrichta.jpg *License*: unknown *Contributors*: Ejdzej, LeaMaimone, Plerzelwupp

Datei:Palawan Bear Cat.png *Source*: http://de.wikipedia.org/w/index.php?title=Datei:Palawan_Bear_Cat.png *License*: unknown *Contributors*: User:Alexcooper1

Datei:Philippine ethnic groups per province.PNG *Source*: http://de.wikipedia.org/w/index.php?title=Datei:Philippine_ethnic_groups_per_province.PNG *License*: unknown *Contributors*: User:Howard the Duck

Datei:Ifugaonon.png *Source*: http://de.wikipedia.org/w/index.php?title=Datei:Ifugaonon.png *License*: unknown *Contributors*: BritandBeyonce, BrokenSphere, Jmabel, RedCoat

Datei:Taoist-Temple-Inside-2.jpg *Source*: http://de.wikipedia.org/w/index.php?title=Datei:Taoist-Temple-Inside-2.jpg *License*: unknown *Contributors*: Common Good, Factumquintus, Shizhao, 2 anonymous edits

Datei:Baclayon church 1596.jpg *Source*: http://de.wikipedia.org/w/index.php?title=Datei:Baclayon_church_1596.jpg *License*: unknown *Contributors*: User:Magalhães

Datei:Philippinen basilan moschee ph05p27.jpg *Source*: http://de.wikipedia.org/w/index.php?title=Datei:Philippinen_basilan_moschee_ph05p27.jpg *License*: unknown *Contributors*: Dr.A.Hugentobler

Datei:Fort Santiago Gate.jpg *Source*: http://de.wikipedia.org/w/index.php?title=Datei:Fort_Santiago_Gate.jpg *License*: unknown *Contributors*: Kurpfalzbilder.de, Look2See1, Magalhães, Sking, 2 anonymous edits

Datei:Rizal.gif *Source*: http://de.wikipedia.org/w/index.php?title=Datei:Rizal.gif *License*: unknown *Contributors*: Akkakk, Binter, ChristianBier

Datei:1946-07-15 Philippines Independence Proclaimed.ogv *Source*: http://de.wikipedia.org/w/index.php?title=Datei:1946-07-15_Philippines_Independence_Proclaimed.ogv *License*: unknown *Contributors*: Kozuch, Mahanga, Morio, Queeg, Scewing, 3 anonymous edits

Datei:Ferdinand Marcos.JPEG *Source*: http://de.wikipedia.org/w/index.php?title=Datei:Ferdinand_Marcos.JPEG *License*: unknown *Contributors*: User:Bluemask

Datei:Corazon Aquino 1992.jpg *Source*: http://de.wikipedia.org/w/index.php?title=Datei:Corazon_Aquino_1992.jpg *License*: unknown *Contributors*: JO2 ROGER DUTCHER

Datei:Rice-Production-in-Bunga.jpg *Source*: http://de.wikipedia.org/w/index.php?title=Datei:Rice-Production-in-Bunga.jpg *License*: unknown *Contributors*: Peter R. Binter.

Datei:Ölverbrauch Südostasiens ohne Singapure.jpg *Source*: http://de.wikipedia.org/w/index.php?title=Datei:Ölverbrauch_Südostasiens_ohne_Singapure.jpg *License*: unknown *Contributors*: PsY.cHo, World24

Datei:Makati skyline mjlsha.jpg *Source*: http://de.wikipedia.org/w/index.php?title=Datei:Makati_skyline_mjlsha.jpg *License*: unknown *Contributors*: mjlsha

Datei:Chocolate Hills.jpg *Source*: http://de.wikipedia.org/w/index.php?title=Datei:Chocolate_Hills.jpg *License*: unknown *Contributors*: Ramir Borja Original uploader was RamirBorja at en.wikipedia

Datei:Portal.svg *Source*: http://de.wikipedia.org/w/index.php?title=Datei:Portal.svg *License*: unknown *Contributors*: User:Bitplane, User:Pepetps

Datei:JohannesPaul2-portrait.jpg *Source*: http://de.wikipedia.org/w/index.php?title=Datei:JohannesPaul2-portrait.jpg *License*: unknown *Contributors*: User:Ejdzej

Datei:John paul 2 coa.svg *Source*: http://de.wikipedia.org/w/index.php?title=Datei:John_paul_2_coa.svg *License*: unknown *Contributors*: User:mAgul

Datei:Signature of John Paul II.svg *Source*: http://de.wikipedia.org/w/index.php?title=Datei:Signature_of_John_Paul_II.svg *License*: unknown *Contributors*: User:Time3000

Datei:Karol Wojtyła - wizytacja zakonu oo. Karmelitów na Piasku w Krakowie 1967.jpg *Source*: http://de.wikipedia.org/w/index.php?title=Datei:Karol_Wojtyła_-_wizytacja_zakonu_oo._Karmelitów_na_Piasku_w_Krakowie_1967.jpg *License*: unknown *Contributors*: unknown, probably my grandfather

Datei:Giovanni Paolo I e II.jpg *Source*: http://de.wikipedia.org/w/index.php?title=Datei:Giovanni_Paolo_I_e_II.jpg *License*: unknown *Contributors*: Raoli, Sibode1

Datei:Johannes-Paul II (1987).jpg *Source*: http://de.wikipedia.org/w/index.php?title=Datei:Johannes-Paul_II_(1987).jpg *License*: unknown *Contributors*: Benutzer:Dr. Meierhofer

Datei:JPIITravelsMap.svg *Source*: http://de.wikipedia.org/w/index.php?title=Datei:JPIITravelsMap.svg *License*: unknown *Contributors*: User:Roke

Datei:JohannesPaulII1984.jpg *Source*: http://de.wikipedia.org/w/index.php?title=Datei:JohannesPaulII1984.jpg *License*: unknown *Contributors*: Wikifreund

Datei:PapstJPII20040922.jpg *Source*: http://de.wikipedia.org/w/index.php?title=Datei:PapstJPII20040922.jpg *License*: unknown *Contributors*: Calliopejen, G.dallorto, Man vyi, Morio, Thalion77, Yarl

Datei:John Paul II funeral long shot.jpg *Source*: http://de.wikipedia.org/w/index.php?title=Datei:John_Paul_II_funeral_long_shot.jpg *License*: unknown *Contributors*: Bapho, FlickreviewR, G.dallorto, Kolega2357, Para, Wolfgang Kopp

Datei:GrabjohpaulII september05.jpg *Source*: http://de.wikipedia.org/w/index.php?title=Datei:GrabjohpaulII_september05.jpg *License*: unknown *Contributors*: Benutzer:Nize, Benutzer:nize

Datei:Beatification of John Paul II (1).jpg *Source*: http://de.wikipedia.org/w/index.php?title=Datei:Beatification_of_John_Paul_II_(1).jpg *License*: unknown *Contributors*: Kancelaria Prezydenta RP

Datei:Grób Bł. Jana Pawła II w Kaplicy Św. Sebastiana.JPG *Source*: http://de.wikipedia.org/w/index.php?title=Datei:Grób_Bł._Jana_Pawła_II_w_Kaplicy_Św._Sebastiana.JPG *License*: unknown *Contributors*: Wojciech Pawlik

Datei:Cathedral Church Lucena City.jpg *Source*: http://de.wikipedia.org/w/index.php?title=Datei:Cathedral_Church_Lucena_City.jpg *License*: unknown *Contributors*: ~MVI~

Datei:Ph locator map batangas.png *Source*: http://de.wikipedia.org/w/index.php?title=Datei:Ph_locator_map_batangas.png *License*: unknown *Contributors*: User:Seav

File:Cathedral of Lipa City (San Sebastian).JPG *Source*: http://de.wikipedia.org/w/index.php?title=Datei:Cathedral_of_Lipa_City_(San_Sebastian).JPG *License*: unknown *Contributors*: User:Cesarcambay

Bild:Ph_seal_quezon.png *Source*: http://de.wikipedia.org/w/index.php?title=Datei:Ph_seal_quezon.png *License*: unknown *Contributors*: originally uploaded by

Bild:Ph locator map quezon.png *Source*: http://de.wikipedia.org/w/index.php?title=Datei:Ph_locator_map_quezon.png *License*: unknown *Contributors*: User:Seav

Datei:Priests_rome.jpg *Source*: http://de.wikipedia.org/w/index.php?title=Datei:Priests_rome.jpg *License*: unknown *Contributors*: User:Pensiero

Datei:3b01479r.jpg *Source*: http://de.wikipedia.org/w/index.php?title=Datei:3b01479r.jpg *License*: unknown *Contributors*: Akkakk, Axtmörder, Crux, Wikipeder

File:Nuns_koeln.JPG *Source*: http://de.wikipedia.org/w/index.php?title=Datei:Nuns_koeln.JPG *License*: unknown *Contributors*: User:Homayonifar

Bild:Inside Cologne Cathedral.jpg *Source*: http://de.wikipedia.org/w/index.php?title=Datei:Inside_Cologne_Cathedral.jpg *License*: unknown *Contributors*: User:Daniel

Bild:Unchurch.jpg *Source*: http://de.wikipedia.org/w/index.php?title=Datei:Unchurch.jpg *License*: unknown *Contributors*: AnRo0002, Gugganij, Mogelzahn, NeverDoING, Petrus Adamus

MIX
Papier aus verantwortungsvollen Quellen
Paper from responsible sources
FSC® C105338
FSC
www.fsc.org

Printed by Books on Demand GmbH, Norderstedt / Germany